自然探秘系列

可怕的科学
HORRIBLE SCIENCE

鬼怪之湖

MONSTER LAKES

[英]阿尼塔·加纳利 著　[英]迈克·菲利普斯 绘　傅 源 译

U0257177

北京出版集团

北京少年儿童出版社

著作权合同登记号

图字:01-2011-4731

Text © Anita Ganeri 2005,

Illustrations © Mike Phillips 2005

Cover illustration reproduced by permission of Scholastic Ltd.

图书在版编目(CIP)数据

鬼怪之湖 / [英]加纳利著;[英]菲利普斯绘;
傅源译 . — 北京:北京少年儿童出版社,2013.1(2024.10重印)
(可怕的科学·自然探秘系列)
书名原文:Monster Lakes
ISBN 978-7-5301-3294-4

Ⅰ.①鬼… Ⅱ.①加… ②菲… ③傅… Ⅲ.①湖泊—
少年读物 Ⅳ.①P941.78-49

中国版本图书馆 CIP 数据核字(2012)第 258238 号

可怕的科学·自然探秘系列
鬼怪之湖
GUIGUAI ZHI HU

[英]阿尼塔·加纳利　著
[英]迈克·菲利普斯　绘
傅　源　译
*
北　京　出　版　集　团
北京少年儿童出版社　出版
(北京北三环中路6号)
邮政编码:100120

网　　　址:www.bph.com.cn
北 京 少 年 儿 童 出 版 社 发 行
新 华 书 店 经 销
河北宝昌佳彩印刷有限公司印刷
*
787 毫米×1092 毫米　16 开本　7.75 印张　90 千字
2013 年 1 月第 1 版　2024 年 10 月第 36 次印刷
ISBN 978-7-5301-3294-4
定价:22.00 元
如有印装质量问题,由本社负责调换
质量监督电话:010-58572171

目 录

引 子 1

鬼怪之湖大起底 5

静水深流 24

鬼怪之湖的生灵们 44

湖畔生活 66

鬼怪之湖大探索 85

湖水在漏 114

引 子

　　人人都知道地理是一门可怕的科学。既然如此,为什么地理老师还要让它变得更可怕呢?你一定很熟悉这样一个场景:两节连着的地理课(这可不稀罕)上,你把头埋下去偷偷打盹儿。不幸的是,地理老师却在此时使出了怪招。接下来,你发现自己站在一个湖——潮乎乎、湿淋淋、黏答答——的岸边,脖子以下全部沾满了黏稠的烂泥,发梢上缠绕的水草往下滴着水,别提多恶心啦。没错,我很遗憾地告诉你,你的老师又把大家拖去参加那闹心的野外考察了。够可怕的吧?

　　糟糕的还在后面:你的老师嘴里咕哝个没完,可令人丧气的是,她说的是什么,你一个字也听不懂。

今天,我们要学习的是椭圆形静水窦状体!

这可真是让人抓狂！不过，别太紧张，身上弄湿了并不会让你得什么大毛病。至于老师刚才所说的，其实只是具有椭圆形湖底的湖罢了，只不过她用词过于高雅而已。

幸运的是，并非所有的地理学知识都这么高深莫测，实际上，有些部分还不是一般地好玩。我知道，我说这些你很难相信。那就拿鬼怪之湖来举个例子吧。你将要踏上的旅程是如此之有趣，以至于你根本没有时间去担忧那冻死人的野外考察和难吃的食物。这本书中出现的鬼怪之湖，都位于我们这个星球上最大、最高、最深和最意想不到的区域。出乎意料吧？不仅如此，这些怪湖不光巨大、阴暗、深不可测，它们还是某些怪兽的家园。这些怪兽潜伏在平静的水面下，伺机给你来个出其不意的问候。当然了，你要是愿意接受它的邀请，下去跟它寒暄一下，还是需要点儿胆量的。

这还不是全部。从一泡尿大小的水洼，到汪洋大海般的巨湖，世界各地遍布着各式各样的湖泊。在这里，你将……

▶ 寻找位于火山口的湖泊；

▶ 拜访一个位于湖底的古老水下村落；

▶ 明白为什么有些湖在不断"漏水"、缩小；

▶ 与布莱克——你的鬼怪之湖向导——一起搜寻湖怪。

把老师说的话先放到一边吧，这是可怕又可爱的地理，是前无古人、后无来者、举世无双的地理。我说，你干吗还不一个猛子扎进第一章里去？那儿可全都是像怪兽那么大的大块大块的关于湖泊的知识，你就穿着你的橡胶雨鞋发抖吧！别说我没提醒过你：只要你踏进鬼怪之湖，可就危机四伏了——说不准哪只怪兽被你惹烦了，跳出来给你个下马威，那可不是闹着玩的。

有鬼啊！

鬼怪之湖大起底

闭上眼睛，想象一个湖泊……别磨磨唧唧的，赶紧想……除了青面獠牙的怪兽，你还想到了什么？我猜，你肯定想到了一大片泥泞的湿地，四处漂浮着一些水草什么的，也许还有一两只野鸭正在拨拉着水花。太无聊啦！实际上，鬼怪之湖的内容可远远不止你所想象的这些。不信的话，就去问问那些可怕的地理学家好了。当然，你得做好心理准备，因为你将会得到一个冗长得无以复加的答案。对那些可怕的地理学家来说，有这么一个好机会可以秀一秀他们那些关于湖泊的酸臭知识，简直是天大的喜讯。你知道，他们会告诉你说……

别说我没提醒过你！这些打了鸡血的地理学家们絮叨的究竟是什么？如果你一个字也听不懂，那就对啦！他只是在用一种非常高雅的方式告诉你，湖泊就是凹陷下去的大地上的一片平静的水面，周围被陆地所环绕。就这么简单！实际上，英语中"lake"这个词来源于一个古希腊词语，意思是"洞"或"池塘"。但是，要

是你觉得所有的湖泊都长得差不多,那你就大错特错了。就像地理老师一样,可怕的湖泊遍布世界各地,但各有各的恐怖之处。有的湖比你家的浴缸大不了多少,有的却像一个国家那么广袤。为了让你有一个直观的印象,请看下面这张全球十大湖泊分布图。

① 里　海
（368 400平方千米）

② 苏必利尔湖
（82 100平方千米）

③ 维多利亚湖
（68 870平方千米）

④ 休伦湖
（59 600平方千米）

⑤ 密歇根湖
（57 800平方千米）

⑥ 坦噶尼喀湖
（32 900平方千米）

⑦ 贝加尔湖
（31 500平方千米）

⑧ 大熊湖
（31 328平方千米）

⑨ 马拉维湖
（30 800平方千米）

⑩ 大奴湖
（28 570平方千米）

刁难老师

老师正忙得不可开交？举起手来，问她一个貌似简单的问题吧。

老师，请问里海是世界上最大的湖泊吗？

哎 呀

暴跳如雷的老师有没有让你赶紧找一个湖跳进去？

答案

答案是对的……也是错的！严格说来，里海确实是世界上最大的湖泊。可是为什么它远离海岸线十万八千里，却被叫作"海"呢？好问题！那是因为巨大的里海里的水并不是淡水，而是像海水一样的咸水。世界上最大的淡水湖是苏必利尔湖。假如把苏必利尔湖里的水都抽出来，你可以用它们在整个北美洲和南美洲大陆铺上一层齐膝深的水。这对金鱼来说倒是个好主意，但对其他人来说可就吃不消了，因为那就太潮湿了。实际上，苏必利尔湖非常之大，以至于看到它的第一批欧洲人都以为它是海。还好它没被叫做苏必利尔海。糊涂了？

里海是个湖，嗨？

湖海？

鬼怪之湖大卷宗

名称：里海

位置：中亚

面积：368 400平方千米

最大深度：1 025米

鬼怪档案：

▶ 里海2/3的水源来自欧洲最长的河流伏尔加河，其余水源大多来自雨水。

▶ 大约2.9亿年前，里海还是如今阳光普照的地中海的一部分，后来地壳的变动使之与其分离。

▶ 里海的特产是鱼子酱，它是鲟鱼的卵做成的，这东西被看做是人间美味。如果你想来上一口的话，现在开始就要节衣缩食了。一小勺里海鱼子酱就要花掉你50英镑。

▶ 当地人把里海叫作"吉尔堪斯克"（Girkansk），意思是"狼群之国"。所以，假如你听到嗥叫声，可要当心了。

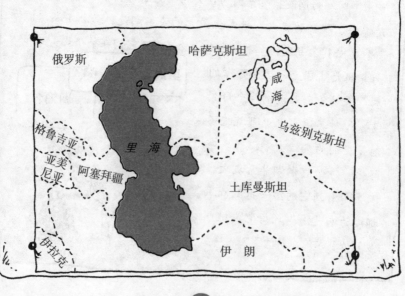

究竟何为湖泊

现在你已经知道一些鬼怪之湖的大名了，可是它们到底是怎样形成的呢？如果你无法忍受德高望重的地理学家们令人头昏脑涨的回答，何不干脆转向布莱克的《鬼怪之湖指南》寻求帮助？它会带你去把一些主要的湖泊的形成过程翻个底朝天……

名称：冰川湖

外表：蛮大的，是世界上最常见的湖泊。

著名的冰川湖：五大湖（加拿大/美国），英格兰湖区（英国），日内瓦湖（瑞士），霍宁达尔湖（挪威）。

形成过程：数百万年前，巨大的冰层覆盖着大地，它们被称为"冰川"。当阴森可怕的冰川向下滑动时，拖动着数以吨计的岩石，从而形成了一块块硕大无比的冰铲。这些冰铲所到之处，泥土都被刨起铲出，在地表留下成百上千个状如湖泊的洼地。冰川将它满载的岩石在冰川鼻处卸下，奔腾的河水被阻隔在外，而一个个冰川湖泊就这样形成了。（先别觉得自己懂了点儿东西就鼻孔朝天啊，我告诉你，冰川鼻是一个术语，指的是冰川的最前端，坚冰从那里开始融化。）

有时，冰川上会迸裂下大块的冰块，这些冰块被埋在冰川运载的岩石下面。很多年以后，冰川早已不复存在，而这些庞大的冰块也早已消融，留下星罗棋布的深洼。这些深洼蓄满雨水和融化的雪水之后，就变成了一个个小小的湖泊。可怕的地理学家神经搭错，把它们命名为"壶状湖"，尽管它们看上去一点儿都不像那种你能插上插头烧水煮茶的水壶。其实它们的名字来源于老式的"壶"，就是那种巨大的锅子。还是叫它们"锅状湖"更贴切一些。

11

名称：火口湖

外表：小而深，湛蓝的湖水异常清澈。

著名的火口湖：俄勒冈州的绮丽湖（美国），尼奥斯湖（喀麦隆），多巴湖（苏门答腊）。

形成过程：四壁陡峭的火山口中蓄满了雪水和雨水，就形成了火口湖。当地壳（地球坚硬的表面，有点儿像你吃的吐司最外面那层又硬又脆的皮）内部运动并发生撞击时，火热通红的岩浆（就是岩石的液体形态）便沿着撞击产生的裂缝向上喷射，这就是火山喷发。威力无穷的岩浆随着一声巨响喷涌而出，火山顶部就被炸开一个巨大的口子，形成庞大的火山口，直径往往长达数十千米。

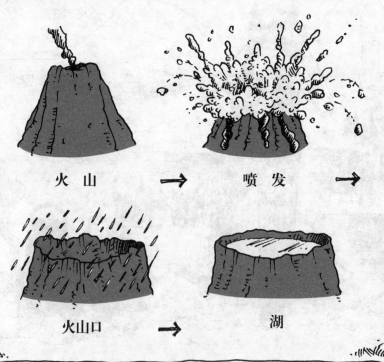

火山 → 喷发 →

火山口 → 湖

位于美国俄勒冈州西南部的马扎马火山群，火口湖像洒落的明珠处处可见。如果你实在想登上山顶一窥究竟，知道了这个可别被吓着——这家伙7700年前才刚刚喷发过。算了，不说讨厌的地理知识了。根据当地的传说，那次喷发是由于一位勇猛的武士惹恼了蛰伏在火山里的一个坏脾气的怪兽而造成的。

你说的是我吗？

不，还没到你呢。

你肯定不知道！

有些湖泊看上去很像火口湖，但距离任何一座最近的火山乘高铁都要好几个小时才能到。那么，它们到底是怎么形成的呢？这是一个匪夷所思的故事：成千上万年前，一些巨大的太空岩石——也就是陨石——坠落到地球上，地面被砸出的大坑后来渐渐变成了湖泊。够震撼吧！

名称：河迹湖

外表：小小的香蕉形湖泊。

著名的河迹湖：在美国密西西比河和巴西亚马孙河沿岸分布着许多河迹湖。

形成过程：它们一般形成在比较湍急的河流拐弯处。河水流过平原时，河流的一岸往往会比另一岸沉淀更多的泥沙而流速变缓，流速较快的一侧则将泥沙冲刷而下。这样，河流就形成了一个巨大的S形曲线，称之为"河曲"。有时，奔流的河水会截曲取直，使弯曲的部分成为一个河迹湖。

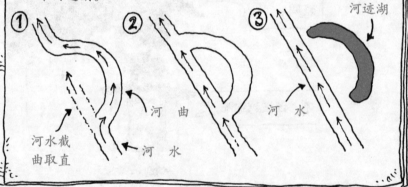

河迹湖在英语里叫作"牛轭湖"。我猜你也不知道啥叫牛轭。那是从前耕牛脖子上套着的一种木制脖套，是拉犁用的。咳，说了你也不明白，让你别问不是！

名称：裂谷湖

外表：一长串狭窄的湖泊。

著名的裂谷湖：尼亚萨湖（非洲），坦噶尼喀湖（非洲），托卡那湖（非洲），维多利亚湖（非洲），贝加尔湖（西伯利亚）。

形成过程：坐好了，即将开始的是一个有关裂谷湖的动人的故事……

惊人的壮举

关于裂谷湖，著名的苏格兰探险家约翰·瓦尔特·格里高利（1864—1932）比其他大多数人都更有发言权。就是他发现了现在尽人皆知的东非大裂谷，从此地图上才有了这个名称。你也许会问："那有什么了不起的？"可事实是，从地理学的角度来说，那绝对是个惊人的壮举。你看，这个无比壮观的裂谷地带由一系列巨大的断层组成，北起红海，南至莫桑比克，纵贯整个非洲东部，绵延6 500千米，有些地方宽至200千米。这些断层形成于约4 000万年前。

虽然地理学家们都知道它在那儿——地理学家笨归笨,对那么大的一个家伙还是没法儿视而不见的——但没有一个人知道它到底是怎样形成的。

约翰出生于苏格兰,小时候跟随家人前往伦敦生活。他的父亲是个成功的羊毛商人,他希望约翰能接自己的班。但约翰的打算可不是这样。他更喜欢在乱七八糟的石块堆里翻翻捡捡,或者一头扎进地理书中。是的,我知道这在你看来很不可思议。事实是,后来人们给约翰起了个外号叫"裤兜",因为他有个恐怖的嗜好,就是在裤兜里塞满成堆的石块。

我们勤奋刻苦的约翰很快就选择了放弃羊毛商接班人的身份,转而进入伦敦大学学习了。我敢说当时他肯定很犹豫该怎么告诉他亲爱的老爹。后来,他在自然历史博物馆找到了一份很不错的工作,就是在这儿,他有了那个惊人的发现。他大胆地猜想,大裂谷是由于剧烈的地壳运动而形成的。可问题是,没有一个人赞同他。

那时，大多数地理学家把大裂谷的形成原因归于风力或水力，约翰需要证据来证明自己的理论。

你脚下的大地看上去很坚固，踏上去也很坚实，跳跳看，是吧？实际上，它早已裂成了好几块，当然是非常大的几块，我们称之为"板块"。这么说吧，有点儿像一个巨大无比的白煮蛋，当你用一个同样巨大无比的勺子猛地砸上去……明白了吧？这些板块不停地在它们下面那层滚烫的、呈胶状的岩石上漂移着。别害怕，你不会被漂走的。一般来说，它们漂移的速度慢到你无法察觉。在有些地方，这些漂个没完的板块会互相碰撞挤压，致使交界处的岩石被挤得变了形。这样一来，庞大的山脉就得以高高崛起，而大裂谷则深深地沉降了下去。

前往非洲

1892 年，约翰终于踏上非洲之旅，去验证自己疯狂的理论。他来到索马里，斗志昂扬地开始了伟大的探索。旅程非常艰辛，约翰患上了几乎致命的疟疾（一种由蚊子传播的恶疾），病得很重。出师不利，但约翰并没被吓退。第二年，他又回到了非洲，只花了一丁点儿时间用来雇用当地向导和购买食物（一袋子蔬菜以及一小群羊），就迫不及待地向目的地进发了。这次，他真的获得了一些令

人惊叹的发现。看了下面这些明信片，你就知道他怎么向他伦敦的老板汇报自己的收获了。

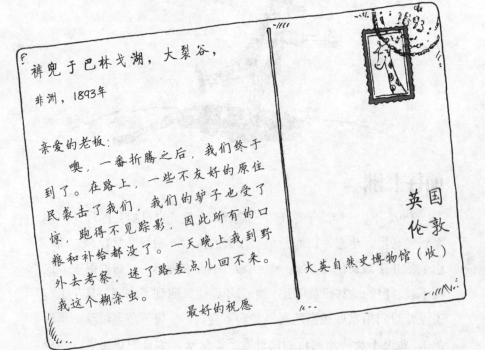

裤兜于巴林戈湖

上封信稍后一些时间

亲爱的老板：

　　我们还算幸运，附近没有饥肠辘辘的狮子什么的。可糟糕的是，我们断水了，只在一个犀牛的脚印里发现了一点儿黄泥汤。别担心，那头犀牛早就逍遥去了。当我们终于找到一条河的时候，还得拼了老命赶走河里的鳄鱼。不过，我不应该抱怨什么。这湖太漂亮了，简直美得让人窒息。

希望很快见到您

英国
伦敦

大英自然史博物馆（收）

裤兜于巴林戈湖

上上封信再稍后一些时间

亲爱的老板：

　　能来到这里真是让人激动。我们搭好帐篷就直接到湖边去研究岸边的那些石头了。我确信，这里的岩石层构造一定会证实大裂谷的沉降原因……您猜怎么着？真被我说中了！但是接下来的部分就需要您运用一些想象力了。环顾四周，我所在的这片大地就好像一块巨大的、美味的蛋糕，一层奶酪、一层果酱、一层巧克力……

写不下了　最好的祝愿

英国
伦敦

大英自然史博物馆（收）：

裤兜于巴林戈湖
上上上封信再再稍后一些时间

亲爱的老板:

　　您还记得那块巨大无比的蛋糕吗?如果您把它切成三小块,然后整个儿拿起来,这时,中间那一小块滑下去了。我知道这个例子有点儿滑稽,但这基本说明了大裂谷的形成过程,只是这些蛋糕是用岩石做的而已。地壳板块在漂移过程中产生了断层——地壳上出现了巨大的裂缝,这使得板块之间的岩层断裂下沉,留下一个狭长陡峭的巨大裂谷,一个最适于湖泊诞生的理想之地。

最好的祝愿

英国
伦敦
大英自然史博物馆(收)

裤兜于巴林戈湖
上上上上封信再再再稍后一些时间

亲爱的老板:

　　我胡乱画了个草图,想给您解释得更明白些。记得吧,这是一块蛋糕哦。

希望很快见到您

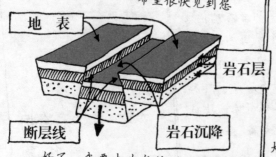

地表

岩石层

断层线

岩石沉降

英国
伦敦
大英自然史博物馆(收)

　　好了,我要去吃午饭了,蛋糕来蛋糕去的,我肚子都饿了。

东非大裂谷两岸的板块仍在继续漂移。专家们预测，总有一天大裂谷会彻底裂开，从而把非洲大陆分成两半。那可是一千万年以后的事啦。到那时，大裂谷底部的那些可憎的湖泊就变成讨厌的海洋啦。

约翰回到伦敦后写了两本书和数百篇严肃的科学论文，讲述他的冒险经历和发现，还当上了格拉斯哥大学的地质学教授。甚至连大裂谷的一些地名，都是以他的名字命名的。然而，他的结局却很悲惨，你还是准备好纸巾吧。1932年，当约翰在南美洲的秘鲁考察时，乘坐的独木舟翻了，他溺水而亡。真是不幸啊！也许是因为裤兜里装了太多石块，让他很难浮上水面来游泳自救吧。

> 故事真好听，那么现在该轮到我出场了吧?

> 呃，还不到时候。

致命的健康警报

如果你想找一个最适合"潜伏"的湖泊，南极的沃斯托克湖将是不二之选。首先，这个遥远的湖泊沉睡在厚达4千米的冰层之下，只有用太空中的卫星才能找到它。从卫星拍到的照片来看，科学家们认为，沃斯托克湖的面积与五大湖之一的安大略湖旗鼓相当。其次，沃斯托克湖形成于最少50万年以前。激动万分的科学家们猜测，湖里或许存在着一些从来没有被人类发现过的细菌，虽然他们并不知道这些"冷冻保鲜"的细菌如何能在寒冷彻骨的冰水里生存。他们的想法是，在冰层上钻个洞，然后派一个能活动的机器人下到湖里去，这样所有的谜底就真相大白啦。

恭喜你完成了这次湖泊玩命之旅！尤其是在你连鞋子都没沾到一滴水的前提下！一个不小心，你马上就要变成湖沼学家啦。什么，你说"胡找"？别扯啦！湖沼学家是指那些专门研究湿地、沼泽和湖泊的可怕的科学家。这个学科是由一个瑞士的湿地科学家创建的，他在 1892 年对湖泊进行了一系列深入的研究。这些研究是从讨厌的湖水开始的。很幸运，这正是我们下一章要谈论的。好了，憋口气，一头扎进去吧。

静水深流

问一下你的老师，湖泊有什么共同点，她肯定会说出一大串令人头昏眼花的湖成物质的术语，企图塞进你阵阵发蒙的脑袋里。（对不起，她已经开始了。"湖成"这个词其实意思很简单，就是用来描述跟湖泊相关的事物的。）怪不得你会有不祥的预感。其实，你完全可以忽略她所说的一切。（哦，你是说你已经这么干了？）一个简单的事实是，所有的湖泊里都有水。好了，你不必成为一个天才的地理学家，就已经知道答案了。有些湖泊里是淡水，有些里面的水则像海水一样咸。不过，就水量而言，跟海水比起来，湖水就如同大洋中的一滴小水珠。

你肯定不知道！

人人都知道，数羊能把你送进羊圈，对不起，是送入梦乡。那么如果你只是想打个盹儿，何不试着数数鬼怪之湖呢？到目前为止，可怕的地理学家已经发现了上百万个湖泊，难怪他们总是一副睡不醒的样子。呼——呼——对不起，我这是在哪儿？尽管遍地都是湖泊，但它们的水量却不足地球总水量的0.017%。（其余水量的大部分——也就是97%左右的总水量——是海洋中的咸水，剩下的淡水要么是以冰川或冰盖形式存在的冰冻的固体水，要么是河水或地下水。）0.017%，看上去少得不能再少了，是吧？告诉你吧，就这点儿水，像奥运会标准比赛池那么大的游泳池，注满740亿个，还是绰绰有余的！这还不够你扑腾吗？

未来水世界

这些水到底从何而来？它们又是怎样被"泼洒"到了湖泊里？让我告诉你一个吓死人不偿命的事实，你好拿去镇一镇你的那些朋友：如今这些湖泊里的水，在几百万年以前就已经存在了，它们只是在水循环中反复不断地循环着。也就是说，五大湖浩瀚的湖水，从前也许曾是恐龙出没的水洼。有意思吧？

说起循环，如果你对它一无所知，不用着急。没有谁会比布莱克的专属水管工皮特叔叔更能带你快速入门了。他维修水管系统已有很多年了。这次，他还带来了一张超级有用的图。

早上好，小伙子们，我是水管工皮特。我听说你们对水循环这档子事儿有点儿犯难？我可不想插一杠子，不过这对我来说真的是小菜一碟。
别小看这些讨厌的管子，搞不定它们，你们可就栽喽。下面水可深着呢。没事儿，只要跟着我，马上就能搞定。

1. 首先，你得保证太阳当空照，这样才能让水受热蒸发。要不偏不倚地照在海面上。

2. 晴朗暖和的日子里，一些水会变成水蒸气（从技术层面说，我们水管工把这叫作"蒸发"）。

3. 受热的水蒸气会上升到空气中（你要这样理解我的话——水蒸气是看不见的）。在上升的过程中，它会冷却，又变回一颗颗液体的水珠（行话叫"冷凝"）。跟不上就喊哦。

26

4. 接着，你要把这些小水滴聚集到一起来组成一朵云。注意，别太抠，水滴太少可不成。你得用上几百万滴这样的"小可爱"才能顺利完成这个工作。

5. 在云朵中，你得让小水滴你挤我挤你地紧挨在一起，这样就形成了一颗颗水珠。当水珠太沉了，再也悬浮不住的时候，就落下去变成了雨。别操心，你的云朵没漏水，把扳手放到旁边去。

6. 假如你的云朵运行良好，一些雨水会落回海洋，或者渗入地下。但是为了让你的湖水保持充盈，你得留下足够多的雨水。这些雨水会直接倾泻到你的湖泊里，或者先进入河流，最终流进你的湖泊。

皮特的妙招

看好你的水循环，它就能使好久呢。这家伙，只要你把它整好喽，它就给你连轴转，不带偷懒的。你啥也不用管。这会儿它也还挺精神的，还能用上几百万年呢。好了，我得走了，还有个古怪的老是闪眼睛的破热水器等着我伺候哪。

你说的破热水器是什么东东？

流进的湖水和漏出的湖水

流进的湖水

1. 可怕的地理学家已经知道，湖水的来源多种多样，其中一些是直接从云朵落进湖泊的雨水和雪水。没错，就是那么简单。别小看这一小滴一小滴的雨水，汇合在一起可不得了。像非洲的维多利亚湖那样浩瀚无垠的大湖，总水量供给的 2/3 就是来自雨水。用桶来装这些水的话，那可是几十亿桶水啊。

2. 有一些水是高处山地上的积雪或冰川的融水，渗漏到湖泊里。北美洲的五大湖几乎一半的湖水就是这样来的（参见第91页有关五大湖的知识）。因为湖水从苏必利尔湖流向密歇根湖，再流向休伦湖，依次将这几个湖盈满（虽然它们是独立的5个大湖，但彼此之间又是连接在一起的），因此会产生一种连锁反应。当某一年的降雪量偏低时，湖泊的水平面会出现惊人的下降。

3. 还有少量的水是从地下喷涌进湖泊里的。当雨水经由岩石和土壤渗入地下后，就形成了我们所称的地下水。我们还没谈到那些细小的水流呢。在你的脚下冲刷而过的水流，差不多是地球上所有江河湖泊里的水加起来的40倍呢。这真是太浪费了！还好，湖泊不是单单靠地下水来充盈自己的，否则的话，它们可得苦苦地、苦苦地等啦。懒惰的地下水流淌得太慢了，要等上几千年，它们才能流到地面上重见天日。

4. 很多年以来，可怕的地理学家都不知道地下水会直接透过湖床渗入湖水中，这只是一个大胆的猜测。1974 年，一些好奇的加拿大科学家决定要搞个水落石出。他们向加拿大珀尔克湖畔的土地里注射了一些盐水，过了一段时间，又检测了湖床中的水质。你觉得他们的发现是：

　　a）湖水没变咸

　　b）湖水变咸了

　　c）湖水变浑了，变绿了

答案

　　b）盐分透过岩石渗入了湖水中。你看，科学家用"犀利"的实验验证了他们的观点。

5. 那些奔腾不息的江河最终都流向了哪里？它们都流进了鬼怪之湖。在世界各地，每分每秒都有不尽的江河水滔滔不绝地涌向湖泊。实际上，很多湖泊都有不止一条河流向其供水，比如非洲的坦噶尼喀湖就是这样，江河竞相涌入它宽广的怀抱。你知道吗？即使有一天这些河流切断了它们的"供给"，坦噶尼喀湖也要过上漫长的 1 200 年才会彻底干涸，因为它实在是太太太浩瀚了。

漏出的湖水

1. 你可能以为，湖泊只是待在那儿，波澜不兴，偶尔泛泛涟漪罢了。但是只要你稍微撩开它那平静的水面，就会发现，其实湖水非常不老实，常常出现泄漏，有时还会被湍急的河流冲得到处都是。那么，这种冲刷真的是那么直截了当吗？答案是，真的。除非河流改变了它的流向，向后倒流！这不是童话。柬埔寨的洞里萨湖就是这样。旱季的时候，洞里萨湖差不多要被湄公河的一条支流——洞里萨河——吸干掉了，缩得只剩下 2 500~3 000 平方千米。可是到了雨季，一下子咸鱼大翻身，看上去乖乖弱弱的湄公河突然之间变成了怒吼的激流，它不顾一切地冲向洞里萨河，让这条猝不及防的河流掉了个头重新奔回洞里萨湖。你还来不及喊一句"赶紧跳进湖里"，洞里萨湖已经迅猛地涨到了原先的 5 倍之大。

又见面了！

2. 一些湖泊是被太阳慢慢晒干掉的，比如艾尔湖。在阳光无比晴朗的澳大利亚，艾尔湖是最大的湖泊，占地9 300平方千米。它是一个巨大的盐水湖，由英国探险家约翰·艾尔（1815—1901）在1840年发现，并用发现者的名字命名。然而，可怜的艾尔湖水波潋滟的日子是很少的，大多数情况下它都口干舌燥、奄奄一息。你看，它恰巧位于荒漠正中，那里通常如同枯骨一般干燥。结果就会是这样：在炙热的天气里，雨水汽化（变成了水蒸气）的速度非常快，因此大多数河流还没有抵达湖泊，就已经断流了！实际上，这个地区的降水本来就很稀少，所以这个干涸的湖泊每次重新蓄满水，都要等上50年！

这个湖干了！

干得像块枯骨……

3. 咸水湖之所以是咸的，当然是因为湖水里含有大量的盐。显而易见嘛！盐就是你攥住装薯条的纸袋，想摇均匀的那种东西。它们有些来自火山或地下泉水，有些来自雨水和雪水，但大多数来自陆地上的岩石，被雨水或河水冲进湖泊。如果湖泊所在地气候温暖，蒸发也会起到一定作用。水分蒸发到空气中，盐分却留了下来，天长日久，湖水就会变得越来越咸。蒸发还会带走土壤中的水分。

如果要举办一个盐水湖大赛的话，以色列的死海稳拿第一名。这家伙比大海还要咸上8倍。它怎么就那么咸呢？首先，死海的水来自约旦河，但为了辅助农耕，约旦河被人们改了道，所以流进死

海的水就少了，它正在缩小。水少了，意味着水会变得更咸，因为死海位于一个无比灼热的地方——夏天气温居然高达 54℃！我的天哪！在如此"铁板烧"一般的高温里，湖水以可怕的速度快速蒸发，只留下一摊黏稠的咸汤。难怪它叫"死海"，在这里没有任何生物能长期生存。然而，盐分也让人们能够轻而易举地漂浮在湖水上。你要想在那儿游泳，完全不需要什么游泳圈——你甚至还能漂在湖面看报纸呢！不过要记住把头露出水面，不然盐分会蜇疼你的眼睛。

4. 还有好多湖水渗进了地里。这些水渗进了石灰岩的裂缝，缓慢无比地腐蚀着岩石，在地下"挖出"无数的隧道和洞穴。有些水则直接滴入了地下河，汇入了地下湖。问题在于，这些隐秘的地下湖泊都埋藏在地下数百米深处，除非拥有 X 射线一样的火眼金睛，否则你是不可能找到它们的。又除非，如同我们马上要谈到的这位大无畏的探险家一样，你会欣喜地发现，自己身处一个深邃异常的洞穴……怎么样，有没有做好准备去见见他？

在深深的黑暗的地下

还是个孩子时，充满冒险精神的爱德华-阿尔弗雷德·马泰尔（1859—1938）就对洞穴非常着迷，他把所有的闲暇时光都用来在地下刨来刨去。好吧，作为爱好，这总比集邮或织毛衣什么的酷一点儿吧。爱德华-阿尔弗雷德是法国人，上学的时候他的地理成绩非常棒，但后来他步父亲的后尘当上了律师。那么他是不是把他的洞穴都忘到脑后啦？才不会。他利用暑假跟同伴一起把全欧洲的洞穴探了个遍。接下来你会听到爱德华-阿尔弗雷德自己说的话。这个深入报道是我们在一份古老的《每日环球报》上找到的，记者好不容易才追上旅途中的他。

他觉得他是只鼹鼠！

请问您是何时开始对洞穴发生兴趣的？

7岁的时候，父亲带我去了一个位于比利时的山洞，它的底部有一个巨大的湖泊。那时我一下子就明白了，长大了我要做一个洞穴探险家。

那您为什么后来又当律师了呢？

我需要钱啊。这个工作真让我厌烦。我真正的乐趣所在始终是洞穴。工作之余和节假日，就没人能管得了我啦。

明白了。您去洞穴探险时都会带上什么工具呢？

几副绳梯，一个辘轳，几个灯，还有我可靠的折叠皮划艇。

就这些？

对了，我还会穿上一件自制的工装裤。我太为它自豪了！我在裤兜里装满了东西——哨子、蜡烛、火柴、锤子、小刀、卷尺、温度计、铅笔、笔记本、指南针、对讲机，当然，还有急救包。我还在里面塞下了一瓶朗姆酒和几块巧克力，以备不时之需。

您身上装满了东西，难道还能挤进狭小的洞穴吗？您是怎么做到的？

太简单了。首先，我在地面上找到一个瓯穴（就是那种通往地下的洞穴）。然后，我把一个拴在绳子上的加农炮炮弹扔下去，这能让我知道等一下需要多长的绳梯。你也不想被吊在半空中落不了地，对吧？

嗯，应该不想吧。接下来呢？

然后我会在洞口四周安装一个木质框架，把辘轳和绳子固定在上面。通常我是顺着绳梯爬下去的，有时也会坐在一块厚木板上，用绳子放下去。这蛮容易的，只是当绳子打起转来，会觉得头晕目眩。

听上去挺可怕的。您碰到过的最危险的情况是怎样的？

哦，那可不少，我都不知道先挑哪个说了。一次，我和两个朋友正划船通过一个地下湖，头突然不小心撞到了一块向下突出的岩石。我们都被撞到了水里，蜡烛也熄灭了，什么都看不见。我根本不知道自己在哪儿，而且我特别害怕黑暗，湿透了的衣服变得很重，好像拼命把我往湖底拽。我手忙脚乱。幸运的是，朋友们总算把我捞了起来。太及时了，再晚一分钟我可能不是淹死就是被冰冷的湖水冻死了。哦，还有一次，我正吊在绳子上，手里拿着的蜡烛把我的头发给烧着了。那可真是惊心动魄的一刻，可我不会被吓着的。

哇噻！那么您最棒的一次经历是什么呢？

那要算是第一次去法国的德拉沙佩湖探险了。那是我在1889年偶然发现的一个地下湖。从地表上看，没什么看头，只是地面上的一个洼陷而已。但是到了地下可就完全不一样了。那简直是一个神奇的所在！曲折的河道交织成一张大网，流向巨大的裂谷和溶洞。太——美——了！我永远也不会忘记第一眼看到它时的情景。当时我们正在一条河上划着船顺流而下，河道有些地方相当狭窄，我们不得不把皮划艇扛在头上，蹚着水走。河底的石头滑得吓人，我们不停地跌倒爬起。突然之间河流消失了，面前只剩下一条狭窄的通道，只有半米高。我跟你说，可真是挤啊，不过我们到底还是挤过去了，眼前豁然开朗，原来是一个开阔的溶洞。顶上不断向下滴水，下面则是一个泛着幽光的大湖，就像仙境一样。可惜的是，不能久留。我们浑身都被滴下来的水弄得湿淋淋的，蜡烛也快烧完了。而且，快到晚饭时间了。

您后来又去过那里吗?

去过啊，去过很多次。我们还在那儿装了梯子、安了电灯，好方便那些不喜欢吊在绳子上的人们进出。传说那儿还藏匿着许多金子，所以游人络绎不绝。你要买张去那儿的船票吗?

嗯，不了，谢谢。我想我还是算了吧。那么您接下来会出发去哪儿呢?

哦，那当然是回到地下去了。我想去看看英格兰的几个洞穴。你要是路过，一定来碰个头，好吗?

爱德华-阿尔弗雷德·马泰尔死于 1938 年，他在一生中探索了大约 1 500 个洞穴和地下湖，其中数百个都是从未被人类看到过的。不探险的时候，他抽空为一本科学杂志写文章，并成为巴黎索尔邦大学的地下地理学教授。他还建立了一个前所未有的洞穴学家协会（洞穴学家就是研究洞穴的科学家）。

刁难老师

你那个聪明得不得了的老师知道湖泊的水是怎样流进流出的吗？她的湖泊知识是不是"水分"很大呢？干吗不拿下面这个令人头大的问题考考她？

湖泊多长时间换一次水？

a）每 5 天

b）每 1 年

c）每 700 年

这对我来说相当简单！

答案

她选哪个都可以，因为 3 个都对！湖泊会规律性地更换湖水，但更换得有多快，取决于湖水流进流出的速度。加拿大的玛丽安湖换水的速度超快，每 5 天换一次水。美国的镜湖的面积还不到玛丽安湖的 1/10，但要深得多，所以需要 1 年时间才换一次水。被远远甩在后面的要数美国的塔霍湖了，你要是想在新鲜的湖水中游泳，得等上长长的 700 年哦。

湖泊的变迁

有些人对湖泊情有独钟。他们只要瞥一眼湖水的影子，就痴情萌动，热泪盈眶，甚至还有人为湖泊写下了如此深情款款的诗句："再不可能有其他什么会比这一个仰卧在天地之间的湖沼如许纯美，如许贞洁，又如许壮阔。"肉麻至极，但说得没错。这美得冒泡的诗句是美国诗人亨利·戴维·梭罗在 19 世纪写下的。

再没有比一个湖沼更美好的事物了……它就像一块美味的蛋糕！

但如果你是那种觉得湖泊跟臭水沟没什么两样的人，听到下面这个消息你一定会开心的：湖泊不会一直待在那儿的。随着时间的流逝，它们总有一天会干涸殆尽。

哎呀！

一些湖泊会在顷刻之间被火山喷发或地震这种巨烈的地质活动所毁灭，另一些会被岩崩、雪崩、泥石流等填满，或者就是简简单单地——被太阳晒干。但对大多数湖泊而言，整个过程要缓慢得多。故事是这样的：

Ⓐ 当河流流经湖泊时，河水里的泥沙会沉积在湖水里。

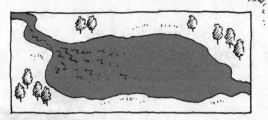

Ⓑ 这就使得湖岸的一侧出现了一种有趣的扇形结构。

Ⓒ 河水带来的泥沙沉积得越来越多……

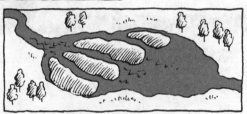

Ⓓ ……扇形结构逐渐扩大。

Ⓔ 慢慢地，湖泊开始缩小……

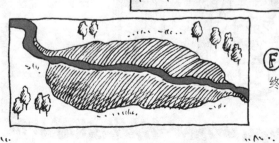

Ⓕ ……直到最终被填满！

我有一个好消息要带给你们这些蠢蠢欲动的诗人，那就是大多数湖泊都要过上几百万年才能完全干涸，所以你们还有大把的时间可以胡诌乱写。

你肯定不知道！

　　壮阔的维多利亚湖有两个比利时那么大，是世界第三大湖。但是信不信由你，在13 500年前，这里浩渺的水面还只是一片无垠的草原。地理学家究竟是怎么知道这些的呢？说实在的，他们中可没有人老到那把年纪的。答案是，他们从湖底的淤泥里采样研究，发现泥里面含有很多草原动植物的化石，神奇吧？

不过，你用不着现在就开始刨地，想要发现一些可爱的湖生动物，你只要翻到下一页就可以了。对那些轻浮的火烈鸟、美丽的鱼儿和轻盈地打着转儿的甲壳虫来说，湖泊可是一个完美的栖身之地。

甲壳虫？呸！为什么不提像我这样货真价实的湖中怪兽呢？

鬼怪之湖的生灵们

　　湖泊看上去可能千篇一律，不是你愿意多做流连的地方，尤其是当你能够窝在干爽舒适的家里当"沙发土豆"的时候。然而，尽管湖里除了水还是水，却有无数的动植物把湖泊看作是温柔地富贵乡呢。即便是这样，要想在湖里营造一个自己的小窝却绝非易事。在甩开膀子大干特干之前，你得先知道哪一类湖泊适合自己的生活。你不想把脚指头弄湿，是吗？别忘了我们的布莱克，他已经穿好潜水设备啦。

在岸边

　　靠近湖岸的水不深，密密麻麻地长满了芦苇之类的植物，假如你是一条小鱼或一只小鸟，这里可是理想的藏身之地。问题在于，起风的时候，这里浪头一个接一个，你也许会觉得有点儿"晕船"哦。

开阔的水面

湖水的上层部分能获取最多的光照，因此大多数植物都生长在这里。（植物用阳光来制造食物，它们从来不用在商店里挤来挤去的。）一些很微小的植物漂浮在水面上，使湖水变成一种恶心的绿色。还有一些植物扎根于淤泥里，枝叶使劲儿向上伸展，去捕捉阳光。

湖水的深处

在深深的湖底，黑暗而寒冷，因为阳光无法抵达这里。这里并没有太多植物可供大快朵颐，但蜗牛啊、臭虫啊、蠕虫啊这些生活在湖床烂泥里的生物却觉得舒适无比。这些腐臭恶心的烂泥是由生物的尸体形成的，还有一部分是鱼儿贡献的大便。不错吧！

你肯定不知道!

　　在湖水的表面,漂浮着一种数以百万计的极其微小的植物,名叫藻类植物。虽然也叫植物,但跟那些苗壮的盆栽和芳香的鲜花相比,这种漂来漂去的植物是如此微小,以至于你得用显微镜才能看到它们。然而大小并不重要,因为要是没有这种小东西,湖水里将无法生长任何生物。首先,它们制造氧气,而氧气是所有湖生动物都必须呼吸的。其次,它们是午餐佳品。它们填饱了湖泊里虾米、水蚤这些小动物的肚子,这些小动物填饱了鱼、蛙这些大一点儿的动物的肚子,这些大一点儿的动物又填饱了大鱼、鹭鸶、鳄鱼等这些再大一些的动物的肚子。你明白了,对吧?

那么我在哪儿呢?

沉下去还是游起来

想象一下，你被拽去参加另一个可怕的地理野外考察。（别怕，这次不是真的。）你觉得下面这些东西中哪个是最不重要的？

a）可以吃的食物

b）可以呼吸的氧气

c）可以四处行动

d）一个安全的藏身之地

答案

　　每一个都很重要。尤其是一个安全的藏身之地，当你的老师发火的时候……你懂的。有趣的是，这些东西也是那些热爱湖泊的动物们的生存必需品。那么它们到底是怎么生活的？接下来，你将遇到各种各样的小爬虫，它们可都办法多多，其中一些更是会令你大跌眼镜。干吗不赶紧来试着做做这个疯狂搞笑的小测验呢？如果你觉得下面描述的某种动物的特点是错的，回答"沉下去"！如果你觉得是对的，回答"游起来"！

1. 大龙虱不会游泳。沉下去还是游起来？

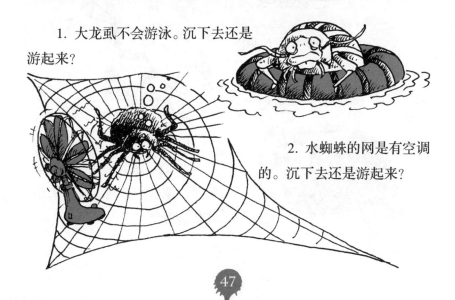

2. 水蜘蛛的网是有空调的。沉下去还是游起来？

3. 水蝎子用潜水管呼吸。沉下去还是游起来？

4. 石蚕蛾的幼虫是生活在帐篷里的。沉下去还是游起来？

5. 马水蛭是吃马的。沉下去还是游起来？

6. 水黾脚上有极小的冲浪板。沉下去还是游起来？

7. 湖帽贝会用脚紧紧地吸附在岩石上。沉下去还是游起来？

8. 豉豆虫为了在水下看清东西，戴着护目镜。沉下去还是游起来？

答案

1. 沉下去！大龙虱可是天生的游泳好手，它的身体构造简直是为游泳而精心设计的——浑圆光滑，呈流线型，可以轻易地划开水流，而长在身上的腿挥动起来就像一个个微型的船桨。可是，它们并不是在悠闲地泛舟，当发现蝌蚪、昆虫和小鱼时，它们会如同喷射快艇般飞驶过去，捕获自己的美餐。

2. 游起来！水蜘蛛一生中的大部分时间都潜在水下，在水草的叶片间经营着它布下的天罗地网。但它也需要呼吸空气中的氧气，于是它有规律地游出水面，用多毛的背部捕捉大大的气泡，把它们带回水底，用来为自己的水下蛛网提供"空调"。它太聪明了，不是吗？

3. 游起来！水蝎子行动迟缓，通常喜欢蛰伏在较浅的湖底。它们有着长长的尾巴，并因此得名，但它们的尾巴上并没装备致命的毒针。实际上，当水蝎子爬上一株植物的茎秆，把它的尾巴尖伸出水面时，其实是在用自己的"潜水管"呼吸新鲜空气呢。

4. 游起来！不过，这可不是那种你用来露营的帐篷。石蚕蛾的幼虫生活在湖底，以湖生植物的腐叶为食。为了不让自己成为天敌口中的美餐，它们用蜗牛壳的碎片、小石子、沙粒这些东西，混上自己黏糊糊的口水，为自己搭起了小小的"帐篷"。

5. 沉下去！傻瓜，它们当然吃不了马啦。首先，这种依附性的小动物只有6厘米长——只有你的小拇指那么一丁点儿。再说，它们的习惯是把猎物一口吞进肚子。你说它们的嘴有那么大，能把一匹马全部吞进去吗？所以，它们喜欢的

美食是那些"小玩意儿"，比如虫子、蜗牛、蝌蚪、腐鱼什么的。啊——呜！

6. 沉下去！水黾并没有真正意义上的冲浪板，但它们可以在水面上自如行走而不会沉下去。哈哈，这是因为水的表面覆盖着一层极为细致的、有弹性的薄膜，就像一层皮肤一样，但却足以负载一只水黾的体重。同时，水黾的脚爪和其上生长的绒毛也很特别，可以抓住水的"皮肤"但却不会刺破它。水黾每天忙忙碌碌地在湖面上冲来冲去，为的是抓住死掉的昆虫，用它们来果腹。

水表面的"皮肤"有一个术语名称，叫"表面张力"。当然，水的皮肤跟你的皮肤不同。你从自行车上摔下来，皮肤会被蹭破。水的"皮肤"实际上是由非常细小的水分子组成的。（分子是由原子组成的。）听上去"学术"得有点儿吓人了，对吧？但是事实就是这样。做一下下面这个实验，你就能知道我没有故弄玄虚。

你需要准备：
▶ 一只盆
▶ 一些水
▶ 几张吸水纸
▶ 一个曲别针*

你要这样做：

1. 在盆里接满水，假装这是一个湖泊。

2. 把吸水纸展开，让它漂浮在水面上，把曲别针放在纸上。

3. 吸水纸会逐渐吸饱水，开始下沉。

4. 曲别针依然漂浮在水面上，这是因为表面张力的作用。（说得更清楚些，纸之所以沉下去，是因为它吸饱水之后变得太沉了，没法停留在水面上；而曲别针之所以待在原地，是因为它非常轻，水表面的薄膜可以承载住它。）

*如果你有一只宠物水黾，你可以直接用它来做这个实验。但是可不要把曲别针放在水黾上面哦。

7. 游起来！湖帽贝生活在风大浪急的湖岸旁，非常容易被刮跑或者冲走。所以湖帽贝学会了一套非常管用的应对办法。它们会紧紧地、紧紧地抓住那些生长在岩石上的藻类植物，把自己宝贵的生命交给自己有力的大脚。为了以防万一，它们还有更保险的招儿。它们的壳的边缘是软的，很方便它们挤进岩石的缝隙寻求庇护。

8. 沉下去！鼓豆虫不戴护目镜，但是它们确实有办法来看清自己到底身处何方，这个办法也足够"弹眼落睛"的！这种忙碌的小虫子生命中的大部分时光都用来在水面上横冲直撞，就像一个个迷你的碰碰车，为的是找到可口的昆虫填饱肚子。而一旦发现自己将要成为别人的猎物，它们会一个猛子扎进水里逃命。因此，它们的眼睛非常完美地分成两个部分，一部分用来看上面，另一部分用来看下面，而且是同时的哦！

美妙的湖鱼

外国有这样一句俗话："海里的鱼儿是最多的。"这是典型的自作聪明的蠢话，大人们用它来显示自己比实际上懂得更多。别理它！如果你对奇特的鱼类感兴趣，忘了大海吧，到湖边来。想不想在自己的湖里塞满五颜六色的鱼儿，让你的朋友羡慕得两眼发绿？那么你知道应该选择哪些鱼吗？去拜访一下芬恩老伯的怪鱼铺吧，你将学到一些专业的养鱼技巧。

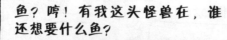

鱼？哼！有我这头怪兽在，谁还想要什么鱼？

别着急，就快到你了。

欢迎来到怪鱼铺。很高兴你造访这里。如果你喜欢鱼，那就来对地方了。不过，你手里拿着的那个盆就免了吧，对金鱼来说它可能还算合适，但你要想拿它来装我这儿的这些奇形怪状的鱼儿，就好像拿鞋盒去装大象一样。

先看这个，了不起的鱼，如果忽略它可怕的习性的话。知道吗，它们从不把孩子送到幼儿园去。母慈鲷鱼产下卵后会把它们舀起来，送进……自己的嘴巴里。在接下来的好几天时间里，慈鲷鱼妈妈都不吃不喝，以防不小心把自己的宝宝吞下肚子。慈鲷宝宝孵出来之后，还要在妈妈的嘴巴里待一个星期。然后，烦得够呛的慈鲷妈妈会把宝宝们一口吐出来，头也不回地吃饭去了。如果你想养慈鲷鱼，要储备一些藻类植物、贝类和海绵供它们食用。话说，海绵是一种水生生物，可不是你亲爱的老奶奶做给你吃的那种油腻腻的海绵蛋糕哦。

名称：奇怪的慈鲷鱼
住址：北美洲、非洲
体形：长达75厘米

名称：**呆头呆脑的肺鱼**

住址：**东非、中非**

体形：**长2米**

没错，这条鱼不可能赢得任何选美竞赛，但这家伙绝对坚强。雨季时，雨水丰沛，它和普通的鱼没什么两样，靠两个鳃呼吸。（鳃位于鱼头部两侧的狭长裂缝中，鱼用它呼吸溶解在水中的氧气。）当气候发生变化时，麻烦来了。在阳光的炙烤下，湖水渐渐干涸，氧气供给也渐渐稀少，肺鱼被晾在湖床上，快要被晒干了。但它不会让这样的情况持续很长时间。这家伙精力充沛着呢。它会在潮湿的泥地上挖一个洞出来，钻进去，就像钻进一个湿漉漉的睡袋（这能让它的皮肤保持湿润），然后呼呼大睡，一直到雨水再次落下。这段时间可能是几个月，也可能是几年。在这段时间里，它会用两个小囊呼吸，而这两个小囊的作用有点儿像我们的肺。

这是一个"油头滑脑"的家伙，千万别让它扫了你的兴。如果你不小心被弄伤了，淡水鲤鱼这时候就显得太有用了。它滑溜溜的皮肤里含有某种具有愈合伤口功能的成分，你只要抓住一条淡水鲤鱼，用它来涂抹你的伤口就行了，让创口贴什么的劳什子见鬼去吧。你要问我怎么知道这些的，我只能说这是一代代传下来的智慧。假如你要出发去钓淡水鲤鱼，还是等到夜幕降临吧。白天的时候淡水鲤鱼习惯待在阴暗的角落里，一到晚上它就出动啦，追着蜗牛、贝类动物狼吞虎咽。

名称：滑溜溜的淡水鲤鱼

住址：欧洲、亚洲、北美洲、澳洲

体形：长20~60厘米

芬恩老伯的
小外甥

从你的湖泊里捞梭子鱼的时候，一定得注意你的手指头。这个美人儿可厉害着呢，从尖尖的尾巴到锋利的牙齿，它浑身上下都透着股狠劲儿。除了喜欢咬你的手指头，它们平时都在湖岸附近的水里巡游，不时地给那些小鱼、蛙类甚至毛茸茸的小肥鸭子来个突然袭击。没错，这是一种敏捷、残忍的鱼。它会迅猛地弹射出去，咬住猎物，然后大快朵颐。一定记住，要把你的湖修得大大的。据说曾有一条巨大的梭子鱼，竟然把一匹马拖进湖里吃掉了。跟你再说一遍，你需要一个大湖。

名称：凶残的梭子鱼

住址：欧洲、亚洲、北美洲

体形：长1.3米

自然探秘系列
鬼怪之湖

如果你想在自己的湖泊中收藏一条这种鱼，可得抓紧时间喽，等到"断货"了你就没地儿再买它们啦。要知道，它们稀有到了恐怖的程度。这是因为它们生活在贝加尔湖水下1000多米的深处，除此之外在整个地球上你再也找不到一条贝湖油鱼了。在那么深的水下，巨大的水压会把你压得扁扁的，但贝湖油鱼就是有种在那里尽情嬉游。这种捉摸不定的小鱼身体的1/3由油脂组成，这让它无惧冰冷的湖水。到了夜里，它会游上湖面，找点儿小虾当晚餐。但它不能多留恋湖上的风光，因为太暖和的话，它就会融化掉，只剩下一具骨架！

名称：贝湖油鱼

住址：西伯利亚贝加尔湖

体形：长15~20厘米

你肯定不知道！

在奇深无比的贝加尔湖中，贝湖油鱼并非唯一一种很特别的生物。湖里超过2/3的动植物都未曾在其他地方发现过！其中就有名字很特别的"聂赫巴"，它是贝加尔湖唯一的哺乳动物，也是世界上唯一一种淡水海豹。我们文质彬彬的聂赫巴最喜欢的美食是……干炸贝湖油鱼。

鬼怪之湖大卷宗

名称： 贝加尔湖

位置： 西伯利亚

面积： 31 500平方千米

最大深度： 1 620米

鬼怪档案：

▶ 贝加尔湖形成于2500万年前，是地球上最古老的湖泊。

▶ 它也是最深的湖泊。把5个埃菲尔铁塔摞起来丢进湖里，最上面的一个塔尖还是冒不出水面。

▶ 它拥有全世界液态淡水总量的1/5，比五大湖加起来还多。

▶ 超过300条河流向它奔流而去，让它持续盈满，其中只有一条小河流出。

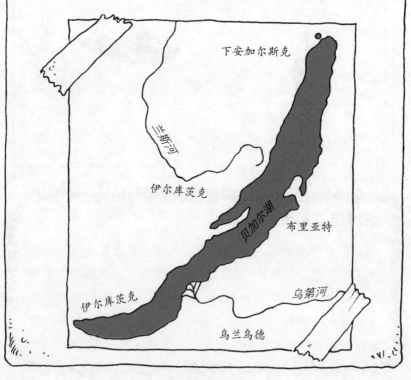

布莱克的观鸟之旅

如果你认为生活在鬼怪之湖不过就是泛泛舟、抓抓鱼什么的，那你就错了，而且是大错特错，特别是假如你选择生活在环境严峻的苏打*湖边。除了蒸笼般的酷热、苦涩的湖水和散发出腐烂气息的烂泥，你还得小心着点儿，湖水时刻都面临着干涸的危险。真要那样的话，你就会被搁浅在龟裂的苏打硬壳上，就好像被困在一只巨大的生日蛋糕糖衣上的小蚂蚁。当然了，情况可没有那么美妙，你也别想着在那儿野餐什么的。在某些地方，苏打层确实很厚，你都可以在上面开卡车了。但是假如不小心摔进了苏打里面，可就大事不妙了——苏打会把你活活烧死的。

*重要提示：苏打的学术名称叫碳酸钠，它是一种看上去像盐一样的东西，被用来制造玻璃、肥皂和去污剂（比如洗衣粉）。少量使用苏打对人体无害，而且能把衣服洗得亮丽如新。

那么，是否没有动物能应付这种严酷、非人的环境呢？并非如此。有一种勇敢的鸟，天生适合生活在这致命的湖边。你能猜出它是谁吗？给你点儿提示吧。这种鸟的脑袋是粉红色的。已经猜出来啦？对的，当然是艳丽的火烈鸟啦。我知道你在想什么。火烈鸟粉红粉红的，毛茸茸的，看上去很娇嫩的样子，它怎么可能受得了这种环境呢？事实是，火烈鸟的适应能力非常惊人，而且它们坚韧得就像旧雨靴。忘了无聊的虎皮鹦鹉吧，火烈鸟才是我最欣赏的鸟类。我走了这么老远，来到肯尼亚的纳库鲁湖，就是为了观赏野生火烈鸟。哦，老天爷，那儿就有一只……

珍珠般的眼睛：
带来广阔的视野→

蛇一般的脖子：
长而弯曲，方便伸入水
中觅食

弯曲的长喙：
能像长柄勺子一样舀
出食物

缀着黑色羽
毛的粉红色翅膀

粉红色的
长腿：像高跷
一样，方便蹚过
深水

粉红色的有
节的膝盖

有蹼的脚：用
于游泳和在烂泥中翻
捡食物

美丽的粉红色羽毛：
接着往下读，就知道火烈鸟何
来如此艳丽的外表了

火烈鸟的粉红档案

1. 喜欢观赏火烈鸟？去东非大裂谷吧，你能看个够。尤其不能错过的是纳库鲁湖、纳特隆湖和马加迪湖，全都热得要命，但对火烈鸟迷来说绝对值得一去。世界上半数以上的火烈鸟都生活在这里，庞大的鸟群往往由数万只火烈鸟组成。从附近火山上冲刷下来的苏打淌进这些可怕的湖泊里；湖底沸腾的地下泉水喷吐着泡沫，把炙热的苏打涌进湖中。做好准备迎接这一热情之旅吧。

2. 为什么看上去轻浮虚荣的火烈鸟在这里会觉得如此惬意呢？这是因为湖里到处都是它们爱吃的食物，就这么简单。在黏稠的苏打汤里，盛满了茂盛的藻类植物和蠕动的小虾米，这些恶心的东西在你看来也许算不上什么美味，但会让火烈鸟食欲大增。

3. 如果你是一只火烈鸟，你会这样享用你的美餐。

▶ 迈着长腿蹚到湖水里，脑袋上下晃动。这脑袋可比它看上去要诡计多端哦！

▶ 把你的喙伸进水中，水没到你的鼻孔下面。

▶ 现在把你的脑袋从一边转到另外一边，小心不要失去平衡。

▶ 用你的舌头把水吸进嘴里。你的喙的边缘密布着刚毛，就像张筛子，可以滤掉水，让可口的小鱼小虾留在你的嘴巴里面。

警告：如果你不是火烈鸟，千万别在家模仿上述动作，尤其是当你那讲究的姨妈来你家喝下午茶的时候，还是用汤匙吧。

4. 火烈鸟的食谱如此营养丰富，怪不得它们的羽毛如此艳丽。植物和虾米中含有的红色物质让火烈鸟的羽毛变成了艳丽的亮粉色，很漂亮。（顺便说一句，这种红色物质与让胡萝卜成为胡萝卜色的那种红色物质相同。）一旦缺乏这种物质，火烈鸟羽毛上的粉色很快就会褪去，变成一种暗淡的灰色，种群也无法大量繁衍。你会想，如此亮丽的粉红色羽毛会让它们很容易被天敌发现，然而爱美的火烈鸟对这简直不屑一顾。要知道，它们的生存环境是如此严酷，其他物种是绝对不会为了吃上一口它们的肉而前来自找苦吃的。

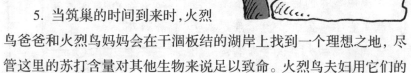

胡萝卜

5. 当筑巢的时间到来时，火烈鸟爸爸和火烈鸟妈妈会在干涸板结的湖岸上找到一个理想之地，尽管这里的苏打含量对其他生物来说足以致命。火烈鸟夫妇用它们的喙铲啊推啊，把烂泥堆成一个高高的土冢，然后把冢的顶端铲平，就像早餐时放煮蛋的杯子的顶端。这个巢大约30厘米高，因此不会被滚沸的湖水淹没，鸟蛋也不会被烫熟。夫妇俩轮流孵蛋，直到孩子们来到这个世界上。

6. 刚出世的小火烈鸟长着暗淡的灰色羽毛和无聊的笔直的喙，看上去跟它的爸爸妈妈一点儿也

不像。它们要在巢里待上两周时间，每天大口吞咽着爸爸妈妈吐到它们嘴里的鲜红色牛奶。你要不要也来上一杯？

致命的健康警报

对苏格兰科学家莱斯利·布朗来说，观赏火烈鸟的一次旅行差点儿要了他的命。20世纪50年代，他踏上旅程，在纳特隆湖周边寻找火烈鸟的巢穴——是步行哦！这次旅程简直是场噩梦。他只携带了一瓶饮用水，就开始穿越灼热的盐碱层。麻烦来了，盐碱层在不断开裂，莱斯利不得不深一脚浅一脚地在没膝的黑色臭泥中跌跌撞撞地前行，每一步都艰难至极，但他不能止步，因为一停下来就有可能陷入泥沼不能自拔。更可怕的还在后面。他啜了一小口水，发现因为进了苏打，水变得苦涩而无法饮用。疲惫不堪的莱斯利决定不再前行，而是撤回更远的大本营，尽管这时正好是一天中最热的时候。接下来的过程简直不堪回首。由于难忍的干渴和极度的失望，莱斯利没走出五六步，就精疲力竭了。最终，莱斯利还是克服了所有的艰难险阻，活着回到了家，但他知道自己完全是靠幸运才得以在这场劫难中幸存的。他的双脚被苏打严重灼伤，因此他必须住院治疗数周。所有这些都没能让莱斯利这个火烈鸟发烧友退缩，只过了一两年，他又不可思议地回到了纳特隆湖边。

给火烈鸟再来点儿苏打水。

不要以为在湖泊沿岸出没的只有轻飘飘的火烈鸟、滑溜溜的淡水鲤鱼、自带潜水器的水蜘蛛这些水生动物。当你忙着给你的贝湖油鱼储备小虾米做下午茶的时候，当心别撞上所有湖泊生物中最狡猾的一个。这种神秘的动物是什么呢？对，你猜中了。他就是可怕的人类，无处不在的人类。

湖畔生活

你也许认为，生活在湖边这件事听上去就像得场感冒那么令人兴奋，还好，这个世界上大多数人都不像你那么喜欢生病。那么，这些可怕的人们到底为什么把鬼怪之湖视作可爱的家园呢？湖泊能为我们贡献哪些陆地无法贡献的东西呢？首先，湖泊对人类非常重要，重要得无与伦比。我指的并不只是那些美妙的湖滨风光。湖泊是如此重要，以至于人类早在数千年前就已经定居在湖边了。广告之后，我们很快回来……

芦苇、灯芯草和浮萍
房产中介公司
出售

超级地段
位于苏格兰乡下的幽静湖畔

大量老式经典房源

奢靡之乡

这幢房屋用上好的木材、石料和泥土建成，拥有360度无敌湖景和足够的存储空间，并在底楼为动物预留了足够的地盘。

特别之处

我们把这种房子称为"凯尔特人的湖上小屋",但是如果你愿意的话,你完全可以给你的树屋改一个名字。住在这里,你根本不需要安装防盗警铃。为了安全起见,这个小屋建在一个由木头搭成的小岛上,正在湖中心。但不用担心,它不会随波漂流,因为它被用石头和钉在湖底淤泥里的木桩牢牢地固定住了。

本房屋建于3 000年前,所以我们认为需要对它进行一些维修。同时,由于它数百年以来一直沉睡在水下,应该会很潮湿。其实它曾经露出过水面,但后来湖水上涨,它又被淹没了。因此,你应该准备一艘小船用来去到房子那里。对了,还需要一些潜水设备!

特价

今天看房,就可以得到我们特别赠与的免费黄油碟一个!这个黄油碟跟在真正的凯尔特人的湖上小屋里发现的黄油碟一模一样,后者被混浊的湖水保护得非常完好,上面甚至还黏着几小块黄油。这些黄油可是2 500年以前的,已经明显变味了。伙计,就收下我们这一点儿心意吧!

免费

其他可供参考的湖畔豪宅

瑞士苏黎世湖:

19世纪50年代,一个古代木制民居的遗址露出了泥泞的湖床,从而被人们所发现。这个民居原本是建造在湖岸上的,但后来湖水上涨,它就很快被淹没了。

湖畔生活——你知道的和不知道的

觉得自己也被淹没了？等不及回到干燥的陆地上了？在你抛开隐居湖畔这个念头之前，来看看这些，没准儿你会改变主意。就连最潮湿、最阴沉的湖泊，也并非一无是处。以下是在湖边安家的五大理由。

纯净的淡水

纯净的淡水

这是你生存所必需的液体

ⓐ *开怀畅饮*

假如你渴了，别光顾着大口吞咽冰冻可乐，能让你活下去的是一杯纯净的淡水。水对人类而言至关重要。实际上，没有水的话，不出几天你就会死掉。鬼怪之湖里到处流淌的都是这种东西。还有好多好多储藏在叫作"水库"的人工湖里。

ⓑ *湖中沐浴*

假如你不喜欢浴室的话，去湖里洗个澡绝对是个好主意。你甚至不用打开水龙头，也不用麻烦记着拔出浴缸的塞子。别忘了洗耳朵背后！

ⓒ 引水浇灌

用水泵把水从湖里泵出来，拿它喷洒你的田地，这有一个术语叫"灌溉"，但说"浇水"也是一码事儿。这些水能让你的庄稼茁壮成长。尤其是水稻，它可喜欢泡在水里啦。

ⓓ 助力制造与航运

工厂要使用多得吓人的湖水来加工原材料，比如把钢材加工成汽车。假如湖泊正好就在工厂门口，要把货物运走简直是太方便了。

ⓔ 筑坝发电

你可以用你的湖泊发电。在流入或流出湖泊的河流上拦腰筑起一道大坝，当河水流过大坝时，会推动轮子上的叶片（我们称之为"涡轮"），涡轮随之推动一个机械轴转动，带动发动机运转从而产生电力。没错，发电就是这么简单。

你肯定不知道！

几千年前，精通农耕的古埃及农民利用尼罗河两岸的黑色沃土栽种庄稼，这种土壤是尼罗河泛滥之后退下时留给人类的馈赠。没错，那是很久以前的事啦。现在他们就没法这么做啦。20世纪60年代，一座宏伟壮观的阿斯旺大坝横空出世，截断了尼罗河，在下游形成了一个巨大的鬼怪之湖——纳赛尔水库。这个水库到底有多大？它能储存尼罗河整整两年的流量。对当代埃及人而言这是件好事，因为他们得到了用于饮水、灌溉和发电的稳定的水量供给。但诡异的是，水库很快就开始漏水，而且被淤泥和河水冲刷进来的小石子堵塞得一塌糊涂。这还不是全部。更严重的是，修建这座大坝对周围数万名居民来说简直就是一场灾难，他们的家园全部没入水底，从此踪影难见。另外，从前富饶肥沃的农垦土地也逐渐消失，因为尼罗河三角洲（就是尼罗河流入大海的地方）的面积开始急剧萎缩。还有，一座古代的神庙也不得不被分解成几百块，然后在一座悬崖上重新组合建造起来。我敢打赌，古埃及人要是知道这事儿，肯定气不打一处来。

让人垂涎的食物

很多喜爱湖泊的人靠捕鱼为生。鱼类也是一种非常重要的食物。它们富含多种健康的蛋白质和维生素，配上色拉或者薯条，那叫一个美味。现在，边吃鱼边开始了解这些关于鱼、湖和人的知识吧。

▶ 还记得柬埔寨的洞里萨湖吗？有多达 400 万人依靠这个湖泊获取食物，维持生计。每一年，渔夫从湖里捕捞出大约 23 000 吨的鱼。想象一下，那可是好多好多的鱼啊。确确实实有很多渔夫跟他们的家人就生活在湖上，住在用竹子做的会漂浮的屋子里。你觉得怎么样？不用担心，你不会没学上的。那里还有漂浮的商店、漂浮的诊所、漂浮的寺庙和漂浮的教室。

▶ 居住在非洲托卡那湖畔的托卡那人原本并不以捕鱼为生。他们做了好几百年的游牧民（从一个地方迁移到另一个地方，逐水草而居的民族），放牧着一群群的牛羊和骆驼。在遭遇了一场前所未有的严酷旱灾之后，他们决定放弃居无定所的生活方式，开始捕鱼生涯。可是现在麻烦又来了。托卡那湖的面积正在缩小，湖水变少了，意味着可以捉到的鱼也会越来越少。看来，长期颠沛流离的托卡那人的生活又面临着一次天翻地覆的改变。

▶ 在美国的莫诺湖岸边，生长着几百万只嗡嗡乱飞的咸水蝇。[实际上，"莫诺"（MONO）这个词在印第安语中的意思就是"咸水蝇"。哦不好意思，我知道这跟鱼类并没有直接关系。]这个湖比大西洋还要咸上 3 倍。咸水蝇在湖岸上产卵，卵孵化后变成蠕动的幼虫。很多年前，当地人曾经把这些幼虫当作食物。他们在太阳底下把肥嘟嘟的蠕虫晒干，然后把虫干放进事先做好的汤里搅拌一番。来上一口吧？

快捷的交通方式

不再有交通堵塞，不再会赶不上公交车，只要住在湖边，从一点到另一点完全是小菜一碟。只是，你需要一艘船。不管是近途用的简易皮划艇，还是长途旅行用的奢华的螺旋桨汽艇，随你挑。假如你需要运载货物，那还是来上一艘驳船吧。

人类利用湖泊进行交通已经有好几百年了。为什么？哦，除了非比寻常的方便以外，当然还由于这比在陆地上靠两条腿倒腾要快得多。请问你会选择哪条路线？圣劳伦斯入海通道怎么样？它有2000多千米长，把五大湖和大西洋连接起来，每年有数以百万吨的木材、煤炭、钢铁和谷物源源不断地从这里输入和输出。但是一定要算好你的货运日期。这条通道每年只在4月到12月期间开放，其余时间都被严寒冰封。

黏糊糊的湖底石油

我们使用的大多数石油来自海底，但是在鬼怪之湖的湖底，也许还将涌出更大量的石油。它们的价值真是匪夷所思。为了弄清楚这些石油是怎么跑到那儿去的，你得让时光倒流几百万年，那时湖里全都是我们可爱的史前植物和动物。

它们死后，尸体沉入湖底，被岩石层层挤压，经过漫长的岁月，变成了黏稠、浓厚的石油。你得深深地、深深地向下挖，才能挖出石油——当然，前提是你得挖对地方。在里海深处，埋藏着大约2000亿桶石油，这可是一笔不小的财富。问题是，关于这笔财富的归属，里海周边的国家还没争出个孰是孰非。唉，真是祸福相倚啊。

内容丰富的探险活动

可怕的假期倾情奉献
新鲜出炉、激动人心的探险活动
欢迎来到
鬼怪之湖水世界
度过一个水花四溅的假期

免责声明：我们不能保证您的安全。假如您失足落水，别怪到我们头上。尤其是如果您不会游泳的话。

冰上滑艇

别再玩什么无聊的滑水了，等到湖水结冰，试试冰上滑艇吧。你需要用到滑艇（样子就像是在冰鞋上安装一个风帆）。如果顺风，你能以160千米每小时的速度风驰电掣起来，当然我们不能保证这一点。冰上滑艇没有刹车装置，当你想停下来时，只要扭转方向顶风行驶就可以了。假如冰面裂开，你不慎跌入冰缝，记住，不管怎样都要待在滑艇上。你必须带上一副熊爪刀。别担心，它后面并没有跟着一头熊。它只是一种钩子，让你可以用它吊在冰上不致掉下去。怎么样，谁第一个来？

探测沉船

你可以学着使用声呐来探测水下的沉船。（翻到第99页了解关于声呐的更多知识。）在世界各地的湖底，孤独地沉睡着成千上万艘正在默默腐烂的沉船残骸。最适合开始探测的地点位于苏必利尔湖边，人们已经在这里发现了超过4 000艘被水草缠绕的沉船残骸，但是还有更多的留给你去勘探。

水肺式潜水

你可以潜入湖水，跟湖中各种光怪陆离的生物来个面对面的交流。如果你没有自己的潜水设备，可以从我们的潜水学校租用。对于初学者而言，马拉维湖是一个理想的选择。那里的湖水非常美，清澈而温暖，沙质的湖底摸上去很舒服（假如你不介意摸到鱼粪的话）。更棒的是，在这个可爱的湖里生活着大约1 500种鱼类，你看都看不过来。至于鳄鱼嘛，不必担心，因为它们都喜欢待在水流缓慢的河里——一般来说，是这样……

坐船在湖上巡游

好的，放松一下，来一个懒洋洋的湖上巡游吧。为什么不登上我们的豪华游轮，把五大湖游个遍呢？在长达8天8晚的旅程中，你将乘船顺流而下，从芝加哥直抵多伦多。两岸迷人的风光也有看厌的时候，这时你就可以在游轮上的游泳池、美发沙龙、餐厅、图书馆和健身房里打发时间。假如你晕船了，还可以去船上的医院。当然，所有这些奢侈的享受都价值不菲，这个激动人心的旅程将会花掉你2500英镑。

今日特惠：

如果你热衷于速度，就到干涸的湖床上飙车吧。这种干燥枯涸的湖被称为"干湖"，英文"playas"来源于西班牙语中的"沙滩"一词。但是，还是把你的水桶和铲子放在家里吧，因为在这里你可以把交通工具飙到每小时950千米的高速，才顾不上去挖沙造沙堡呢。干湖平坦得就像张大饼，经常被用来试验高速汽车、创新速度纪录，甚至被作为航天飞机返回地球的着陆点。

可怕的假期公司友情提醒：

从事上述活动，您需要健壮如牛（还要财大气粗）。否则敬请尝试我们温柔得多的"潮湿周末休闲"，您也会过得相当充实的——比如绕着池塘散散步、摘几枝水草什么的。哈——欠！

刁难老师

想要老师对你另眼相看？为什么不问问她这个香气扑鼻的问题呢？她不会对你嗤之以鼻的。

"老师，请问，康乃馨是从哪儿来的？"

a）康乃馨农场

b）一个非洲湖泊

c）你爷爷的花圃

如果你没听说过康乃馨，让我来告诉你，它是一种美丽的花，有粉红色、白色或者其他多种颜色。要是你想让老师印象深刻，干吗不送她一大束漂亮的康乃馨？

答案

b）在非洲阳光灿烂的纳瓦沙湖畔，每年都盛开着约2亿株康乃馨。你得准备一个多大的花瓶，才能把这么多美丽的花儿都装进去啊！这些花需要700万吨湖水来浇灌，人们还在湖岸的土壤里喷洒化肥，让它变得更肥沃。对鲜花来说这也许是好事，但地理学家们担心，这些化肥会给湖水带来毒害。

鬼怪之湖的生活方式

鬼怪之湖分布在全球各地，这意味着住在湖边的人们过着多种多样你很难想象的生活。有些湖泊地处偏远，那儿的人们依旧像他们几个世纪前的祖先那样生活；另外一些湖泊的岸边则有着繁华热闹的现代都市，数百万人以此为家。你想找个湖边放松一下吗？不确定去哪儿比较好？让我们派布莱克到两个最有代表性的湖泊去"侦察"一下，看看那儿的人们过着怎样的生活吧。下面就是他的报告：

有关密歇根湖的一切都大得出奇。首先，从面积上说，这个57 800平方千米的湖泊是美国最大的湖泊，也是五大湖中第三大的湖泊。它的名字在印第安语中就是"大水"的意思。其次，一些大得出奇的河流注入这个湖泊，其中就曾经包括了芝加哥河。但在20世纪初的时候，人们修建了一系列的人工河以及运河，迫使芝加哥河改变了它的流向！这么做是为了不让致病的污水流入湖中，因为湖水是沿岸城市的饮用水源。说起城市，就连湖岸边的城市都一个个大得出奇。现在，我来到了以高科技闻名的芝加哥。

说点儿激动人心的事儿吧。芝加哥是世界著名的工业城市和交通枢纽之一，在这个忙碌的都市里生活着超过270万人，所以它当然也是密歇根湖边最繁忙的港口之一，每天都有无数货物从这里运往美国各地。可是，芝加哥拥有的不止是喧嚣，它还是一个打发时光的超级酷地儿！瞧，照片上的我正在湖滨的一片沙滩上小憩呢。（这个从容不迫的城市有46平方千米的湖滨区域。）好好享受今天吧！

现在，我又蹿到了的的喀喀湖，瞧一下这儿与密歇根湖截然不同的生活方式。这个鬼怪之湖高卧在安第斯山脉深处，远离尘嚣。当地的乌拉圭人很久以前就生活在湖边，直到现在他们也没有使用自来水、电话、电力这些现代化的设备。他们过着一种非常传统的生活。以造船为例，他们采集生长在湖边浅滩里的多多拉芦苇，把它们扎成捆，然后用来造成香蕉形的渔船。造好一艘船需要两周，它能用大约6个月。这是因为，6个月之后，芦苇就开始腐烂了，这样的话船就很容易进水沉没。

这些湿乎乎的芦苇可管用了！除了能用它们来造船，还可以拿它们当燃料，用它们喂猪，把它们编成绳子和筐子，甚至用它们来清洁你的牙齿。另外，乌拉圭人还在湖中修建了用芦苇做的漂浮的小岛，他们自己住在岛上的芦苇棚中，喂的猪则住在用芦苇做的漂浮的小猪圈里。对了，假如你肚子疼，来上一杯用多多拉花泡的热茶，一下子就会感觉舒服很多。

当地的乌拉圭原住民世代居住在湖畔，但是他们的生活正在发生改变。他们的饮食主要由鱼类（还有一些他们自己饲养的猪肉）和土豆构成，然而由于湖边兴起了越来越多的城市，向湖中排放的废物严重污染了湖水，从而妻害了水中的鱼类——以及以鱼类为食的乌拉圭人。如果湖边的这些城市不采取一些清洁措施的话，乌拉圭人自古以来的传统生活方式就会逐渐消失，而这将是人类的一个悲剧。

鬼怪之湖大卷宗

名称：的的喀喀湖

位置：秘鲁/玻利维亚

面积：8290平方千米

最大深度：280米

鬼怪档案：

▶ 海拔3812米，是地球上最高的可航湖（就是可以在上面航行的湖）。

▶ 有25条河流注入此湖，流出的只有一条——德萨瓜德罗河，该河随后流入了玻利维亚境内的波波河。

▶ 它的名字原意为"美洲狮的石头"，因为据说该湖泊的形状就像一头正在玩弄岩石的美洲狮。

▶ 传说，印加人（古代居住在当地的民族）的祖先是从太阳移居到地球上来的，他们当时就居住在湖中的一个小岛上。

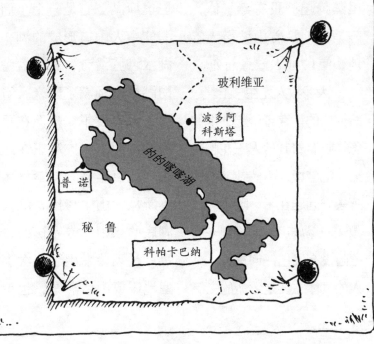

夺命之湖

在鬼怪之湖里，致命的威胁不仅来自危险的有毒鱼类。对喀麦隆尼奥斯湖畔的居民来说，住在这个湖边意味着噩梦的开始……

每日环球报

1986 年 8 月 22 日

西非，喀麦隆，尼奥斯

今天，一起近年来少见的恶性事件震惊了尼奥斯的居民。当夜幕降临之时，从附近的尼奥斯湖里蒸腾起一股有毒气体，静悄悄地沿着山坡潜入谷地，使1 700人窒息而死。

大多数人死在床上。一些惊愕的幸存者谈起，他们怎样眼看着其他人正在聊着天、吃着饭，突然栽倒在地死去。问题在于，除了一声微弱的爆炸声，即将到来的危险没有发出任何预警。杀人的气体主要是致命的二氧化碳及其他有害气体，它没有气味，因而无法被察觉。

渗漏的火口湖

杀人气体的源头就是尼奥斯湖。它是一个小而深的由火山口形成的湖，湖水湛蓝清澈，青草盈盈的湖岸上种满了玉米，看上去无辜极了。然而在平静的水面下，灾难正在酝酿。几百年来，有毒气体不断从火山中渗出，沉入湖底的水中。专家认为，也许是因为发生了一次小型地震或山体滑坡，也可能是由于风力过强，导致湖水被搅动起来，有毒气体得以释放。但没有人知道确切的原因。

牲畜杀手

目前，所剩无几的幸存者正在清点昨晚事故带给他们的损失。他们中的许多人已经逃离家园，再也不敢在湖边居住。还有一些人失去了全部财产。一位名叫哈达里的牧民想要找到合适的词语来描述毒气带给他的灾难，他告诉记者："我和家人住在湖畔高处的山坡上。我们被一阵低沉的隆隆声惊醒，然后看见毒气顺着山谷倾泻而下，就像一条由烟雾组成的河流。我们爬到更高的山上，希望那儿更安全一些。我知道能活下来已经很幸运了，但我们失去了所有的牲畜和财产。我不知道接下来的日子该怎么过。"

不巧的是，8月21日是赶集的日子，方圆几千米的牧民都赶着牲畜到尼奥斯来售卖，正好与杀人气体撞了个正着。第二天早晨，城里到处堆放着牲畜的尸体，多达数千头。诡异的是，与往常不同，没有一只苍蝇或秃鹫在尸体四周盘旋。因为它们全都死了，一只也没剩下。

堵住漏洞

从那个可怕的 8 月的夜晚开始，更多能置人于死地的气体蕴集到湖底深处，让整个湖泊变成了一颗吓人的定时炸弹。科学家们也在争分夺秒地工作，与时间赛跑，确保湖泊不会再次夺去人们的生命。然而到底怎样才能堵住那些致命的漏洞呢？科学家希望他们已经找到了答案。他们把一根长长的塑胶管伸入湖中，让管子的末端正好悬垂在湖底之上。这样做是为了把富含有毒气体的湖水一点点抽上来，因为是细水长流地抽取，水中的气体就会无毒害地逸出到大气中，而不是猛地喷发出来。科学家们还安装了一套提前预警装置，当排放的气体浓度升高到一个危险的水平时，会警报频闪，警铃大作，当地居民从而能够快速撤离。

这些办法能奏效吗？或者只是一种空泛的妄想？回答这个问题还为时过早。截至目前，科学家们对事情的进展还是相当乐观的。问题在于，湖里讨厌的有毒气体太多了，还需要四五根管子才能把它们全都抽出来，可是项目资金却已经快要花光了。不管怎样，对于精神备受摧残的尼奥斯人来说，噩梦已经过去了——就目前而言。

鬼怪之湖大探索

别再提去海边度假这种乏味的事儿了，向开着沉闷的房车旅行说"拜拜"吧！如果一生只能冒一次险，干吗不去会一会鬼怪之湖？在路上，你将重履一些无畏的探险家的足迹。他们究竟为什么要拿起手杖踏上寻湖之旅呢？哦，有一些人是想找点儿宝贝贩卖从而发家致富，另一些人是想漫无目的地从湖边的一点摸索到另一点，还有一些人只是想看看世界。当然，他们中不是所有人都能扬名立万。实际上，有的人最后还被煮成了一锅热汤。够胆量加入他们吗？快点儿，别磨磨唧唧的。动身吧，不然你就误了船啦！

你肯定不知道！

没有谁比16世纪西班牙顶级探险家安东尼奥·德塞帕尔维达更不重视地理学了。他热衷的是掘金。传说，哥伦比亚的瓜塔维他湖里到处都是闪闪发光的金子。这是因为，这个湖泊在古代曾经是一个举办隆重典礼的所在。当地的国王会划船到湖心，将船上满载的价值连城的金银珠宝抛进水中，当做奉献给神灵的献祭。可是，嗜金如命的德塞帕尔维达到那里后，怎样才能从一片汪洋的湖水中找到他所觊觎的财宝呢？很简单。他雇用了8 000个苦力，在湖边挖出一条巨大的引水渠，把湖水引了出去。这个笨办法有用吗？令人惊讶的是，它还真的管用。这个引水工程致使湖面下降了20米，安东尼奥得以设法从水中打捞起了一大堆金银财宝，以及一块光彩夺目的鸡蛋大的绿宝石。真是皇天不负有心人啊！

追逐毛皮

信不信由你，我们接下来要追寻的一群冒险家，终日在北美洲浩瀚的五大湖区风餐露宿，为的是寻找……其他的东西。那么这种诱人的、神秘的东西是什么呢？那就是可爱的、毛茸茸的小动物！警告：我们不得不向那些热爱大自然的读者致歉，因为下面的故事会显得有些残忍，你们说不定会不忍卒读。现在知道了吧，这些湖畔的探索者们追逐的是值钱的动物毛皮，他们廉价买进，然后回到家乡高价卖出。最可怜的要数河狸了，它们珍贵的皮毛被制成皮帽、皮袄，人们疯狂购买，致使河狸几乎灭绝。有关毛皮贸易的可怕细节，建议你去新开张的"可怕的地理"盗猎者纪念馆参观。布莱克已经在那儿了，他会做你的导游。

"可怕的地理"盗猎者纪念馆

塞缪尔的父亲是名水手，因此年轻的塞缪尔血液中流淌着探险的基因。五岁的时候，他已经到过南美洲那么远的地方了，但他还想走得更远。1603年，不安分的海上小子塞缪尔离开家乡法国，前往加拿大，沿圣劳伦斯河而上，驶入了安大略湖和伊利湖。（后来他也到过休伦湖。）可是他一开始并不知道自己是在湖上航行，他以为这浩渺的水面是海洋的一部分。由于具有远见，一家法国毛皮贸易商栈雇用塞缪尔为他们寻找上好的皮毛货源地。塞缪尔利用业余时间徜徉在大湖之间，把自己曾经泛舟到过的地方都绘制成地图。另外，他还撰写了4部畅销的地理学著作。好家伙！

塞缪尔·德·尚普兰
（1567—1635）
国籍：法国

埃蒂安·布鲁尔
（约1592—1633）
国籍：法国

刚满16岁，小埃蒂安就漂洋过海前往加拿大，在塞缪尔·德·尚普兰手下工作。一登陆，他就被派去跟当地的阿岗昆印第安人同住，因而学会了说他们的语言。后来，当埃蒂安陪同塞缪尔进行他那划时代的安大略湖之旅时，他的语言才能帮了大忙。当然，无畏的埃蒂安不仅仅对语言在行，他还擅长修造印第安式的桦树皮独木舟，以及在森林里寻找食物。再往后，埃蒂安回到印第安人部落拜访旧友，跟他们一起度过了18年时光。他和他们一起旅行了数千千米，成为第一个发现苏必利尔湖的外来者。不幸的是，命运却给了拥有丰富阅历的埃蒂安一个恐怖的结局。他曾经的朋友认为他通敌，竟然把他煮熟当午餐吃掉了！尽管如此，我敢打赌他那时还是坚强得像颗铜豌豆。

跟倒霉的埃蒂安不同，让·尼科莱过着跟原住民水乳交融的生活。事实上，他能把当地的语言说得如此流利，以致塞缪尔·德·尚普兰（又是他）给了他一份工作，让他做自己的翻译。1634年，让的巅峰期到来了。塞缪尔派他出使休伦湖，在两个敌对的部落之间斡旋，并期待让同时还能找到一条通往太平洋的全新的水路。带着7名原住民向导和一条大独木舟，勇敢的让出发了。他看上去并不太像一个探险家。赶路的时候，他也穿着长长的丝质袍子，上面绣着色泽绚丽的花鸟图案。真是够夸张的。原住民看到他惊为天人，立刻停止了争斗。爱打扮的让并没找到通往太平洋的通路，但他后来的确发现了如庞然大物般的密歇根湖。

让·尼科莱
（1598—1642）
国籍：法国

雷内-罗伯特·德·拉·塞尔学的是神学，但他跑出教堂，直接奔向了大海。1666年，他坐船来到加拿大，做起了毛皮生意。然而他并不想在那里扎根。不安分的雷内-罗伯特是猴子屁股坐不住，简直等不及要来个痛快的大湖之旅。他给自己建造了一艘漂亮的大船，起名"狮鹫号"，驾着它驶过伊利湖和休伦湖。再往后，他划着一叶轻舟横渡了密歇根湖。他只是喜欢其中的乐趣。后来，灾难降临了。神气的"狮鹫号"连同船上运载的贵重的毛皮一起沉没了，可怜的雷内-罗伯特也沉到了命运的谷底，但他并没有沉沦。很快，他又重新上路，并成为第一个划独木舟从五大湖顺密西西比河而下直到墨西哥湾的欧洲人。这在当时是令人瞠目结舌的壮举。但是他的结局也很悲惨。1687年，他的一些部下起来叛乱，其中一个人开枪打死了他。可恶！

雷内-罗伯特·德·拉·塞尔
（1643—1687）
国籍：法国

重要提示：敬请注意，荣登上述"名人堂"的所有毛皮商人都是法国人。哦，你已经留意到了？这并不是因为爱时髦的法国人特别喜欢穿戴毛皮，而是因为法国毛皮贩子是第一批移居加拿大的欧洲人，他们声称自己探索过的土地都归法国所有。不幸的是，当地的原住民印第安人世代都在这些土地上居住。当时，成千上万的印第安人被打死或被迫逃离家园，要不然就是被法国人和其他移居者带来的病菌感染致死。

鬼怪之湖大卷宗

名称： 五大湖（苏必利尔湖、密歇根湖、休伦湖、伊利湖、安大略湖）

位置： 加拿大/美国

面积： 245 660平方千米（总面积）

最大深度： 406米（苏必利尔湖）

鬼怪档案：

▶ 18 000年前，当巨大的冰川开始融化之时，慢慢蚀刻出了现在的五大湖。五大湖中最古老的是伊利湖，至今已经有10 000岁高龄了。

▶ 苏必利尔湖是五大湖中面积最大的，也是世界上最大的淡水湖。

▶ 最小的是安大略湖，它只相当于苏必利尔湖的1/4。

▶ 五大湖中的苏必利尔湖、休伦湖、伊利湖和安大略湖在美国和加拿大之间形成了一道天然的边界。密歇根湖则全部属于美国。

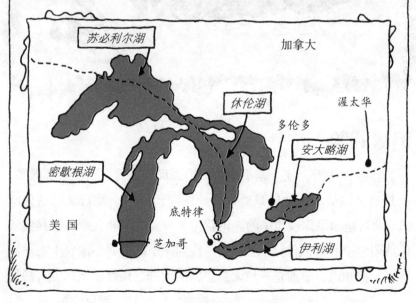

你肯定不知道！

美国人彼得·庞德（1740—1807）是一位探险家。彼得的父亲是个鞋匠，而彼得有7个兄弟姐妹，都比他小，难怪他迫不及待地想要离家闯荡。1778年，他在加拿大西北部寒冷的阿萨巴斯卡湖畔建立了一个商栈，靠做毛皮生意发了家。但是很快，他就被湖边滋生的臭虫咬伤了。他曾划独木舟沿清水河而下，横渡了大奴湖，从此所向披靡。他是个出了名的暴脾气，曾两次被指控谋杀。实际上，彼得跟这两个案子都没什么关系，但他还是丢了工作，蒙羞被遣送回国。

追根溯源

你也许认为，找个差不多的湖泊去玩玩，简直太小菜一碟了。我是说，你是不是觉得只要打开地图随便挑一个就行了？易如反掌。尤其是如果你设想中的湖泊就位于可爱的东非大裂谷？其实就像地理学中的其他任何东西一样，找到一个湖泊并不像看上去那么容易。要知道，非洲是一块大到恐怖的大陆，几百年来都没有任何

外来者能够窥见它那神秘的鬼怪之湖。一直到 19 世纪，随着一些勇敢无畏的欧洲探险家前往非洲，情况才有所改变。（当然，当地人对他们的湖泊向来了如指掌。）这些坚强的旅行家开始并不是冲着湖泊去的。他们把眼光盯在尼罗河长期以来神秘莫测的源头上。

源头就是河流开始的地方。河流的源头可能是一片冰川、一股山泉，甚至是一个渗漏的湖泊。

很多一流的地理学家尝试找到这一秘密的河源，但都失败了，其中就包括一对勇往直前的夫妻档——塞缪尔·贝克和佛洛伦斯·贝克。他们第一次相遇是在保加利亚的一个奴隶集市上，佛洛伦斯正在被出售，塞缪尔发现了她，对她一见钟情。从那时起，他们就再也没有分开过。下面的片段出自足智多谋的佛洛伦斯的秘密日记（就让我们相信她记了这本日记吧），她在其中描写了他们在非洲的冒险经历。

1862年6月，苏丹，喀土穆

终于到了！来到非洲整整一年之后，我们终于抵达了喀土穆，真不敢相信竟然用了那么久。我们从开罗出发，花了漫长的时光才穿越沙漠（我再也再也不想看到骆驼了），还停下来学了一阵子阿拉伯语，以便能与当地人聊天。现在，我说阿拉伯语已经很流利了。可是这个地方实在太糟糕了！还好我们不会在这里停留很久。刚才塞缪尔收到一封从伦敦寄来的信，让我们把补给送到1 500千米以南的贡多洛克。到了那儿，我们总算可以开始寻找尼罗河源头啦。耶！现在，我得找到接下来4个月要用的船只（和船夫）、马匹、驴子、武装护卫和供给。全得靠我自己。塞缪尔又跟一位本地的头面人物捕猎大象去了，把所有这些事都丢给了我。哇呀呀！

1863年2月，非洲，贡多洛克

一周前，我们坐船到了这里。这儿比喀土穆还要糟糕。热得要命，臭得要命，蚊子苍蝇到处乱飞，更别提大得出奇的老鼠了，简直和猫差不多大。哦，我们的一个向导被人开枪打死了。就连塞缪尔都觉得一直保持微笑有点儿难了，要知道他可是整天都高兴得要命。不管怎样，我们总算见到了塞缪尔的老朋友格兰特*和斯派克*（补给就是送给他们的）。他们刚刚溯河而上旅行归来，带给我们一些信息。很遗憾，是坏消息。他们宣称在维多利亚湖附近发现了尼罗河的源头。你可以想象，塞缪尔该有多么失望。我从没见他那样难过。但是当斯派克提起，还有一个大湖他们没有去探索，它可能也是河水

的来源之一时，塞缪尔又振奋了起来。格兰特甚至还给我们画了张地图，但是他们警告我们说，这将是一段非常漫长、艰辛的旅程，女士不适合去。什么话！我偏要走给他们看看。

+他们是顶尖的英国探险家詹姆士·奥古斯塔斯·格兰特（1827—1892）和约翰·汉宁·斯派克（1827—1864）。像勇敢的贝克夫妇一样，他们也用了好几年的时间寻找尼罗河的神秘源头。

1864年1月，布尼奥罗王国

我们花了快一年的时间才走到这儿，而这段旅程是多么艰难啊。大多数向导都开了小差，我们只好向一些奴隶贩子求助（你知道我有多么痛恨奴隶贩子）。天气也很恐怖。我们几个月都被困在那儿，因为河水暴涨没法渡河。半数的动物都倒下死去了，我们的食物也消耗殆尽，只好吃草。更糟的是，塞缪尔和我都发起了高烧。真是一场噩梦！直到几个星期前，我们才终于动身上路，很快就抵

达了布尼奥罗。国王呢，说得轻一点儿，怪里怪气的。我们给了他很多见面礼（大披巾、鞋子、项链、来复枪，甚至还有一块波斯地毯），但他还不满意。知道吗，他想让塞缪尔在出去找湖的时候把我留下。塞缪尔气极了，

威胁他说要当场开枪打死他。我的英雄！就在形势看上去一触即发的时候，塞缪尔把他的苏格兰裙（对，他把它从英格兰一路背到了这里）和最好的指南针给了国王，还好国王收下了。现在我们马上要出发了，我迫不及待要离开这个鬼地方……

1864年3月14日，乌干达/刚果，阿尔伯特湖

我们做到了，我们终于做到了！我简直不敢相信自己还能在这儿写日记。我们每天都在可怕的、令人窒息的高温中前行，一千米又一千米。有一次，虚弱不堪的塞缪尔由于痛苦难耐，从牛背上摔了下来。（他还好，只是身上有几处青紫，伤了点儿尊严。）倒是我，因为好些天昏迷不醒，以致塞缪尔认为我已经死了，开始为我挖掘坟墓！幸运的是，我及时睁开了眼睛，不然的话他就已经把我活埋了！可是现在那些都无关紧要了。经过几个月的艰辛，我们终于到了湖边。多美的景象啊！闪闪发光的一片湖水，延伸到视线所能及的最远处。塞缪尔已经把这个湖命名为阿尔伯特湖了（以维多利亚女王那位去世的老公命名）。可爱吧，不管格兰特和斯派克怎么说，他都确信这才是尼罗河真正的源头。好啦，我要去泡一个美美的、长长的澡啦。

双湖记

对于历尽艰辛的塞缪尔和佛洛伦斯来说，不幸的是，斯派克被证明是正确的。尼罗河的源头确实是一条从维多利亚湖流出的河流。很气人吧！没错，尼罗河的确流经阿尔伯特湖的一端，但它只是流入了阿尔伯特湖，并没有从中流出。虽然很失望，但坚韧不拔的贝克夫妇由于发现了阿尔伯特湖（非洲第七大湖）并把它在地图上准确地标注了出来，从而在地理教科书中为自己赢得了一席之地。回到家乡之后，他们像超级明星一样被人们追捧，塞缪尔还被授予了骑士头衔。（当然，他们首先做的是结婚。）

鬼怪之湖的当代探险家

还在为这些冒险家的壮举激动不已？还在跃跃欲试地把船推出去这就上路？如果这些关于湖泊的美妙故事让你觉得脚痒痒，何必介意让你的袜子变脏呢。可你还是得给自己壮一下胆，因为在当代世界，湖泊探险早已不像猎野鸭那么简单了。你要搜寻的动物远比那些笨头笨脑的野鸭神秘得多。没错，你猜对了。你要去搜寻湖怪。别害怕，只要一动身你就不会吓得上牙碰下牙了。

够胆开始一个人的寻怪之旅吗

步骤1：选一个湖

　　谈到怪兽，尼斯湖也许是世界上最有名的湖泊，但它绝对不是唯一一个有怪兽出没的湖泊。在世界各地的数百个湖泊里，只要轻轻撩拨一下水面，你就能看到与尼斯湖怪兽相似的影子。就拿美国境内的尚普兰湖来说吧（对，你猜中了，这个湖是以顶级探险家塞缪尔·德·尚普兰命名的，他在 1609 年发现了它），几百年前这里就流传着有关湖怪的故事。人们给这里的湖怪起了个名字叫"尚普"，据说它有着长长的、像蛇一样的脖子，背上还有几个显眼的隆起物。如果你没见着尚普，别沮丧，你有大把的机会可以品尝美味的"尚普薯条"（秘制配方哦），或者到英国收听 FM101.3——专门谈论这个湖怪的电台。

　　此外，还有其他一些湖怪：奥古普古（加拿大奥卡纳根湖）；伊希（日本池田湖）。

我听到有人在说薯条？

步骤2：置办寻怪装备

你马上就要出发去寻找湖怪了，应该准备一些合适的家伙。我要警告你：有些东西可是贵得要命呢，你得早早开始存钱。如果你觉得钱不是问题，那么清单如下：

▶ 一艘船：你要在湖上度过好几个小时，因此要确保船上有足够的现代化设施。

▶ 一部声呐仪：很贵，但对于搜寻水下的湖怪不可或缺。买一部能用船拖着走的。声呐能利用声音勘测水下的物体，比如鱼群、鲸和——呃，湖怪。人们在搜寻泰坦尼克号的残骸时，就使用了声呐技术。你是否以为搜寻湖怪就像是在公园里散步一样？下面我就教你快速学会使用声呐仪。

1. 声呐仪会发出一种音高很高的爆鸣声（音高太高了，你的耳朵听不到的）。

2. 声波遇到水下的某
一物体……

3. ……然后从上面反
弹回来，发送回声。

4. 仪器计算出该物体
的距离……

5. ……并在屏幕上显
示出该物体的位置。

▶ 一部水下相机：要在水下给湖怪拍照，没有这个可不行。要
确保它是防水的。

▶ 一个湖怪那么大的渔网（备选）。

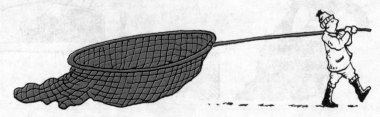

步骤3：搜集证据

湖怪已经出现过数百次之多，但严肃的（连同不那么严肃的）科学考察却从未抓住过哪怕一个湖怪。那么，究竟怎样才能证明你看见的湖怪真实存在？对入门者来说，给湖怪拍照是个好主意。但是这些照片需要验明正身。1934年，伦敦一位著名的外科医生给湖怪拍的照片登上了报纸，引起轩然大波。这张照片清晰地显示，尼斯湖怪兽把它的长颈伸出了湖面。但这是货真价实的湖怪写真吗？还是一张赝品？很多年过去了，人们才知道这张照片确实从一开始就是一场骗局。照片上的物体根本不是什么怪兽，只是在一个玩具潜水艇上面固定着的一根塑料管！连湖水都是假造的。

致命的健康警告

这么说，你已经用声呐把整个湖泊扫了一遍，发现了成堆的证据？你已经对湖底潜伏着一个怪兽有了99.99%的信心？我必须警告你：别指望别人相信你一个字。有很多人对湖怪这个概念不屑一顾，在他们眼里，搜寻湖怪的人就是，好吧，跟湖怪没什么两样的疯子。你所谓的湖怪，很有可能只是远处一艘船留下的航迹、一片漂浮的水草，或是一次凶险的湖震*，他们会这么说。他们甚至认为，太阳照在湖面上的光影都会蒙骗你的双眼。你改变主意了吗？

一场巨浪？我从没被那样冒犯过！

冷静一点儿，还可能更糟呢。

跟湖怪捉迷藏

趁着你把自己晒干，将那些乱七八糟的水草从头发上摘下来的当儿，我来给你讲一个真实的故事，这个故事是关于一个有史以来最有名的湖怪的……

1972年6月一个芬芳的夏日午后，著名的美国科学家、湖怪搜寻者罗伯特·莱恩斯博士跟夫人和朋友坐在苏格兰尼斯湖畔的一个茅棚里，心满意足地享用着下午

茶，一切都很平常。然而，这幅温馨的场景马上就要破灭了，破灭得一塌糊涂。莱恩斯博士的朋友巴泽尔·凯利喝完茶，走出屋外，抽起了烟斗。几秒钟后，其他人听到他慌乱的叫声……

"快！快来！"凯利尖叫道，"带上望远镜！"

莱恩斯博士冲出房间，跑下山坡来到水边。他通过望远镜看出去，简直不敢相信自己的眼睛。在尼斯湖的水面上，有一个大大的、圆圆的隆起物正在缓缓移动，大小就像一艘底朝天的船。可那绝不是什么破船。在望远镜里，那隆起物看上去似乎覆盖着一层粗糙的灰色皮肤，就像是大象的皮肤。可那也不是什么大象。正当莱恩斯博士看得瞠目结舌之时，那个隆起物改变了行进的方向，径直朝他站立的地方游过来。突然之间，就在博士的眼前，它沉入湖底，消失不见了。那个隆起物到底长在什么东西身上？在莱恩斯博士心中，答案不言自明。只可能是一种生物——神秘的尼斯湖怪兽。

后来，莱恩斯博士这样描述那神奇的一天："我脖子后面的汗毛都竖了起来。"他回忆说，快乐地叹了口气，"只要我活着，就永远忘不了。那一瞬间，我知道在那下面一定有些什么。我知道，那是一只动物！"

可是，尼斯湖的水下真的潜伏着一只怪兽吗？还是博士太投入了，以致不小心让他无边无际的想象力稍微放肆了那么一下？读下去吧，只要你敢……

湖怪综合征

　　神奇的尼斯湖横亘在苏格兰大地上，就像一道恐怖的、深深的伤疤。最早它是被远古冰川切削出来的一个洼地，当冰川融化之后，陡峭的坡地中间便盛满了冰凉彻骨的湖水。坚定不移的莱恩斯博士并不是第一个被潜伏在尼斯湖幽深处的怪兽乱了方寸的人，几个世纪以来，关于这个来无影去无踪的神秘生物，流传着成千上百个冷笑话。最早的要算哪个呢？6世纪时，有个从爱尔兰来的行脚僧路过此地，看到湖里冷不丁冒出一个丑陋可憎的怪物头颅。平时总是彬彬有礼的僧侣好好地教训了怪兽一番，它就掉转尾巴溜掉了。真识趣儿。

骑上车走吧！

　　1933年，湖边修起了一条新路，可以俯瞰全湖。很快，报纸上就连篇累牍地出现了有关"目击湖怪"的报道。但是湖怪究竟长什么样呢？奇怪的是，没有任何两篇报道在这方面达成一致。有人说怪兽看上去就像个巨大的青蛙，有人说它像个大蜗牛（去掉壳的）。有人在它的背上只看到1个隆起物，另一些则发誓说有7个甚至更多的隆起物。没人知道该相信谁，只有一件事确定无疑：湖怪综合

征让所有人都发了昏。一个好奇心十足的马戏团老板居然想让湖怪在他下一季的演出中充当台柱子，他给怪兽开出了天价酬劳，还为它度身定做了一个巨大的笼子。没过多久，数以百计的湖怪追寻者们就从各地蜂拥到尼斯湖畔，想要试试自己的运气。

　　一家报社雇用了一名专门捕猎大型动物的猎人去寻找湖怪的踪迹，后来这名猎人在湖岸上发现了一串巨型脚印。他们认为自己获得了爆炸性的独家新闻，就像中了头等大奖一样欣喜若狂。脚印被制成石膏模型，送到伦敦自然历史博物馆鉴定。好多严肃得要命的科学家会聚一堂，试图研究出这双古怪的脚究竟属于哪个活宝。你能猜出最后的结果吗？这些脚印根本不是怪兽踩出来的，而是来自一个用河马蹄子的标本做成的伞架！真是一个鬼怪般的天大的笑话……

湖怪的快照

怪兽"惊鸿一瞥"之后,过了几个月,莱恩斯博士重返尼斯湖。这个湖泊的麻烦在于,它不仅深邃幽暗,冰冷彻骨,而且无边无际,想要从它那可怕的幽深中找到任何东西,其难度不亚于在一大垛干草中找一根绣花针。因此,这次我们勇敢的博士有备而来,他不但带来了一支由专家组成的团队,还带来了满满一船包括精密的声呐仪、闪光灯和自动照相机在内的高科技设备。他的计划是,先用声呐仪找到湖怪,再用照相机拍下湖怪的照片作为证据留存。

那么,这些昂贵的设备派上用场了吗?嗯,派上了……也没有。不可思议的是,经过数周的苦苦等待,曙光来临了。一个薄雾笼罩的清晨,相机拍下一个长约 2 米的庞大的菱形鳍状物。这会是湖怪的鳍状肢吗?还是走火入魔的莱恩斯博士最终失去理智的结果?在其后拍摄到的一些照片上,人们还看到了一个怪兽模样的动物的头部和躯干。这是多么令人激动的发现!问题是,这些照片是伪造的吗?还是确实货真价实?一如既往地,争论不休的科学家们在任何问题上都难以达成一致。

尼斯湖水怪
真的有

尼斯湖水怪
到底是什么

一些科学家认为这些照片是真的，他们根据照片中那长菱形（长菱形就像一个被压扁了的长方形）的鳍状肢，给这头怪兽起了个蛮优雅的名字叫"尼斯湖水怪"（Nessitera rhombopteryx*，英语中"长菱形"为 rhomboid，rhombopteryx 读快了发音与此接近——译注）。不仅如此，连英国国会都专门安排了一场关于湖怪的辩论，可见这头怪兽真的被人们当成一回事儿了。一名无知者无畏的研究员跳了出来，指出湖怪肯定是一条蛇颈龙（那是一种史前的水下爬行动物，有着长长的脖子）。他说，这条蛇颈龙是从海里游进尼斯河，从而进入湖中的。可是另外一些科学家对他的言论嗤之以鼻。他们嘲笑说，整件事情都是一个怪兽般的阴谋。他们指出，有一张照片其实拍的是一段烂树桩，除非你的脑子进水了，才会觉得它看上去有点儿像一个湖怪。再说，蛇颈龙喜欢生活在温暖舒适的海水中，让它们泡在冰冰凉的尼斯湖水里，要不了一两天，这种久违的爬行动物就会冻僵而死，更何况它们早在几百万年前就已经灭绝了。

*后来有人发现，如果把"尼斯湖水怪"这个名称（Nessitera rhombopteryx）中的字母打乱重排，会组成一个词组Monster hoax，意思是"怪兽恶作剧"。有意思吧？

重返尼斯湖

　　科学家们无休止的争论是否让坚信湖怪存在的莱恩斯博士心灰意冷了？才不会。但因为忙于其他事务，直到25年后他才又来到湖边。这次与他同行的还有一位顶尖的声呐技术专家，他最拿手的就是定位很难找到的水下物体。真是太适合搜寻湖怪了。这次，莱恩斯还随身藏着一个宝贝——一套全新的GPS全球定位系统。他计划先用声呐把整个湖扫一遍，如果声呐选中了目标，就用GPS对其进行精确定位，然后第二艘船会携带摄像机而来，把整个过程用胶片记录下来。这次，湖怪之谜会水落石出吗？他们只有5天时间来找寻答案。下面就是模拟的莱恩斯博士的视频日记：

我的湖怪视频日记（官方版）

作者：罗伯特·莱恩斯博士

第一天　尼斯湖

　　这是考察的第一天，天气潮湿阴冷，接近冰点。运气不太好。我们还是开着两艘船出发了，今天我们要对全湖进行地毯式搜寻。

REC ●

一开始都很顺利，可是后来摄像机进了水，录像带不能用了。真是个不小的打击。我们只好派人回去取备用的摄像机。这时声呐仪发现了一大团说不清楚形状的东西，我们又重燃希望。然后那东西又消失了。是湖怪在跟我们玩捉迷藏吗？或者只是声波撞到陡峭的湖壁上反射回来的一大团回声？

REC

第二天 （还是）尼斯湖

失望得要命的一天。今天可恶的声呐仪只找到几只小鱼。咳！看上去湖怪这次又要耍我们一次了。可是我们不会放弃的——绝不。我知道它就在那儿，怪兽就藏在某个地方。我从骨子里能感觉到。

又及：新的摄像机还没有到。急啊！

REC

第三天　厄克特湾

　　夜幕降临，我乘坐载有声呐仪的船只，跟顶级摄影家查尔斯·威考夫一起出发了。我们决定集中搜寻厄克特湾，这是全湖最深的地方。我们找了几个小时，一无所获。突然，屏幕上出现了一个5米多长的物体。我们又用我们可靠的GPS把附近区域细细搜索了一番。如果该物体还在原地，那它应该是块倒霉的石头或木头。如果它不在那儿了，那它一定是会动的……

REC ●

　　猜猜看怎么着？当我们再去看的时候，它已经不见了！所有专家都一致认为那不是鱼群，它看上去更像一头鲸。我们现在需要的是一张作为证据的照片。

REC ●

第四天　尼斯湖（岸边）

今天早晨有个特大新闻——我们的新摄像机到了！这个大美人可棒了，它能在水下看到更远的地方，还能在水下好几百米深的地方拍照，比那台老的深多了。也就是说我们终于可以重新开工了。跟所有人一样，想到明天就能找到怪兽了（希望如此），我简直等不及啦。

第五天　（还是）厄克特湾

这是我们在尼斯湖的最后一天。湖水波平如镜，再适宜搜寻怪兽不过了。带着新摄像机，我们上船出发了。这一次，事情真的发生了。上午晚些时候，声呐仪显示在水下25米处有一个物体。然后出现了第二个！然后是第三个！但是没等摄像机抓拍到，这些鬼家伙就游出了摄像范围！我们真是失望得要命。就在与湖怪如此接近的时候，却与它擦肩而过。不要紧，我保证——我会再回来的。

鬼怪之湖大卷宗

名称：尼斯湖

位置：苏格兰

面积：56.4平方千米

最大深度：247.5米

鬼怪档案：

▶ 尼斯湖的英文名称是Loch Ness而非Lake Ness，Loch是苏格兰语"湖"的意思。

▶ 它是不列颠群岛最大的淡水湖。

▶ 它是由远古时代的冰川在地壳表面切割而成的。12 000年前冰川融化形成了湖水，而在此之前"湖"里只有一大块固体的冰。

▶ 要是你真的对尼斯湖水怪感兴趣，可以参加一个官方机构——尼斯湖水怪俱乐部，成为正式的水怪粉丝。

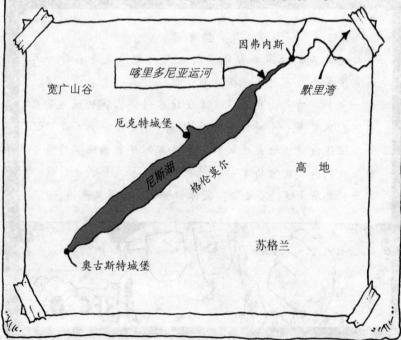

那么，水怪之谜现在有没有被科学家们破解呢？除非有人把它活捉并带回来昭示世人，否则湖怪的存在与否将永远是一个未解之谜。如果你从没看见过水怪，不要紧，你总归随时可以朝着它喊两声。别觉得这么做很蠢，因为你不是一个人在行动。加拿大的奥卡纳根湖每年都要举行一个"召唤奥古普古大赛"。上百人围在湖边，声嘶力竭地大声喊叫。谁要是能把湖里的水怪叫醒，就能得到50英镑的奖金。你要去喊上两嗓子吗？

湖水在漏

假如你从未追踪过湖怪,最好踩上直排轮滑鞋赶紧出发。在世界各地,很多鬼怪之湖都只剩下一口气了。有些湖泊是由于千百年来的不断渗漏,走到了生命的尽头,我们对此完全无能为力;然而世界上超过半数的湖泊却是由于可怕的人类而濒于干涸的。没错,这些湖泊正在变成沼泽。(假如你依靠湖水作为饮用水来源,或者把湖鱼作为主要的食物,如同其他几百万人那样,那么你就倒霉了。)可是,人类都做了哪些可恨的坏事呢?你很快就知道了。

千万别跳进湖里的4个理由

1. 腐臭的湖水。粼粼碧波已经是上辈子的事儿了。如今,有些湖的水质差到了被直接称为"死水"的地步,其他的也好不到哪儿去。就拿西伯利亚的贝加尔湖来说吧,它曾经清澈透明的湖水正在被岸边一家造纸厂排出的废物(包括脏水和有毒的化学品)严重污染。每年,这家工厂都会向湖里倾倒数十亿吨令人作呕的废物,湖水因而变得越来越脏,湖里的珍稀动植物也因此濒临灭绝。

另外，贝加尔湖实在是太大了，从河流汇入它的水要用上400年才能全部更新一次，因此任何危险的污染都要过好几个世纪才能被清除。

2. 令人窒息的蓝藻。在有些地方，发臭的污水被直接泼进湖里，农田里的化肥和除虫剂则被冲刷进湖中，这些污物和化学品滋养了湖中一种叫作蓝藻的微型植物。这些蓝藻疯狂生长蔓延开来，直到整个湖面都被一片难闻的绿色泥沼覆盖。这片令人窒息的泥沼屏蔽了阳光，让其他湖生植物无法获得养分。当它们枯萎腐烂的时候，又会占用大量的氧气，让鱼类和其他生物无法呼吸。虽然这东西通常来说对游泳的人无害，可是难道你很乐意在一泓发臭的、黏稠的豌豆汤中劈波斩浪吗？

3. 致命的有毒鱼类。在斯堪的纳维亚半岛的上千个湖泊中，鱼儿纷纷被像醋那么酸的酸雨毒死。这种难闻的酸雨到底是从哪里来的？实际上，汽车排出的尾气、工厂高高耸立的烟囱冒出的烟尘，所有这些废气随风飘散千里，扩散到空气中，导致了酸雨的形成。这些废气中含有的气体混合着水蒸气和阳光，形成了微弱但致命的酸性成分，落到地面上就成了酸雨。有些酸雨直接落入湖中，有些

落到土壤里，被冲刷进湖水里。鱼类就这样被毒死，而吃了这些毒鱼的人类（和其他动物）也会患上致命的疾病。

我的鱼把盘子溶解了！

4. 干涸的湖床。在世界各地，人们都指望靠鬼怪之湖为他们提供饮用水、灌溉用水、工业用水和城市用水，这给湖泊带来了巨大的压力。问题是，这形成了一个恶性循环。可怕的人类一方面需要靠湖水生存下去，一方面又无尽地榨取着丰美的湖沼，从而切断自己极其宝贵的水源供给。这意味着将来再没有湖水供他们使用。就让我们看看可怜的咸海吧，人们从它身上抽取了大量湖水用来灌溉，以至它的面积缩小到了原来的1/3。我们的特派记者布莱克正在对此进行调查……

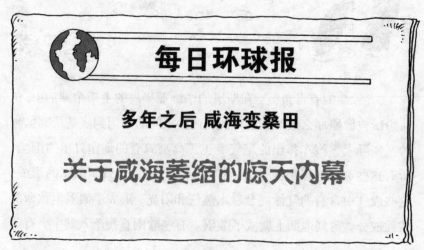

每日环球报

多年之后 咸海变桑田

关于咸海萎缩的惊天内幕

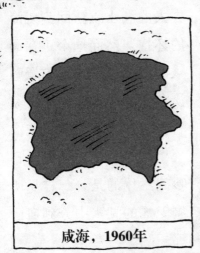

咸海，1960年

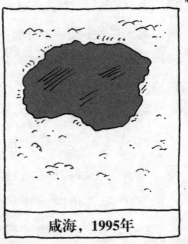

咸海，1995年

　　我现在在中亚，调查咸海的现状。听说这个湖泊正在萎缩，我想亲眼求证一下。在过去的40年里，这个浩瀚的大湖有2/3的湖水都被抽干了（那相当于伊利湖和安大略湖两个湖的总水量）。那么，情况为什么会这么严重呢？

　　直到不久以前，咸海这个盐水湖还曾经是世界第四大湖，它的面积是68 000平方千米。然而它宝贵的财富正在令人忧虑地显著减少。20世纪60年代，人们修建了一些庞大的运河工程，把原本注入咸海的河水引流到数百千米以外的农田，这让流入湖泊的水量锐减到以前的1/10。没过多久，原先水波荡漾的大片湖岸缓坡就变成了广袤的荒漠。在这枯干的湖床上，你哪里还用得着什么渔船，来上几头骆驼才应景。与此同时，剩余的湖水也变得越来越咸，生活在湖里的野生动植物因而面临着前所未有的灾难。曾经，当地渔民每年的捕鱼量高达50 000吨，但很多年前

鱼类就在这里灭绝了。湖水萎缩的速度快得不可思议，岸边还有几个渔港没来得及拆除，默默伫立。

萎缩的咸海未来会怎样？除非我们采取相应措施，否则15年到20年后它将彻底消失。20世纪90年代，丰沛的降水曾使一些失去的湖水重新回到咸海的怀抱。然而这个正在漏水的湖泊似乎真的前景暗淡。悲剧的是，沿岸国家看上去根本不把拯救咸海一事放在心上，他们终日吵闹不休的是，怎样从所剩无几的湖水中分到自己那一份羹。

致命的健康警告

水葫芦是一种妖娆的湖生植物，开一种漂亮的紫花。你可能会想，这很好啊。要是它不那么到处疯长，不用它的卷须缠住渔船，不肆意霸占重要的渔场，确实很好。不幸的是，要把这种讨厌的植物除掉，麻烦得要命。人们对它无可奈何，因为你把它拔掉了，一周之内它又会长出来，而且覆盖的面积是原来的两倍！一次，维多利亚湖附近的村民们付钱找了个巫医，请他施魔法除掉这些邪恶的水草。悲哀的是，魔法施过之后一切照旧，心里长了草的巫医只好把钱还给了村民。但是村民们并不善罢甘休，又使了一计。他们往湖水里倒了几大桶象鼻虫（一种小型甲虫），让它去吃那些可恶的水草。猜猜怎么着？这个办法奏效了，直到现在，那些饱食终日的象鼻虫还在湖里忙得不可开交呢。

嗝！

鬼怪般的未来

在你觉得过于迷茫无助之前，我要说，别担心，不是只有坏消息。在全球各地，人们正在努力让湖泊清洁起来，正在为我们的将来保护它们。在很多鬼怪之湖，人们正在实施他们的行动计划，其中就包括美国加利福尼亚州的莫诺湖。几百年来，这个小湖静静地独处一隅，无数湖生动植物以它为家园繁衍生息。可是到了20世纪40年代，超级大都市洛杉矶开始从注入莫诺湖的河流中抽取饮用水，湖水的水平面因而急剧下降，生态环境也遭到了破坏。很多年以来，当地居民积极参与各种旨在拯救莫诺湖的公益活动，现在情况已经得到了好转。虽然水还在流向洛杉矶，但比以前少多了。湖水重新变得丰盈。所以，大家都很开心。

你肯定不知道！

澳大利亚一所滑雪度假村的工作人员想出了一个拯救湖泊的"金点子"，天才极了。每年都有大约3亿升湖水被取出，用于制作雪道上的雪。他们的主意是，用尿来代替湖水。对，尿，成千上万名滑雪者的尿。它们被净化后能制成雪。这样，我们的湖泊就消停了。

方 便

好了，现在，脏兮兮的野外苦旅总算要结束了，该踏上回程了。这次你看到的鬼怪之湖够你回味一阵子了，但传说中的湖怪还是跟你无缘。等一等！那个隐藏在灌木丛中的可怕的影子，究竟是个什么东西？阴沉沉，黏糊糊，全身沾满了滑溜溜的水草！它径直向你走来……别慌，那不是神秘的水怪，真是的话咱们就激动死啦。那只是你像落汤鸡一样的地理老师，她真像一个正在严重漏水的湖泊……

"经典科学"系列（26册）

肚子里的恶心事儿
丑陋的虫子
显微镜下的怪物
动物惊奇
植物的咒语
臭屁的大脑
神奇的肢体碎片
身体使用手册
杀人疾病全记录
进化之谜
时间揭秘
触电惊魂
力的惊险故事
声音的魔力
神秘莫测的光
能量怪物
化学也疯狂
受苦受难的科学家
改变世界的科学实验
魔鬼头脑训练营
"末日"来临
鏖战飞行
目瞪口呆话发明
动物的狩猎绝招
恐怖的实验
致命毒药

"经典数学"系列（12册）

要命的数学
特别要命的数学
绝望的分数
你真的会＋－×÷吗
数字——破解万物的钥匙
逃不出的怪圈——圆和其他图形
寻找你的幸运星——概率的秘密
测来测去——长度、面积和体积
数学头脑训练营
玩转几何
代数任我行
超级公式

"科学新知"系列（17册）

破案术大全
墓室里的秘密
密码全攻略
外星人的疯狂旅行
魔术全揭秘
超级建筑
超能电脑
电影特技魔法秀
街上流行机器人
美妙的电影
我为音乐狂
巧克力秘闻
神奇的互联网
太空旅行记
消逝的恐龙
艺术家的魔法秀
不为人知的奥运故事

"自然探秘"系列（12册）

惊险南北极
地震了！快跑！
发威的火山
愤怒的河流
绝顶探险
杀人风暴
死亡沙漠
无情的海洋
雨林深处
勇敢者大冒险
鬼怪之湖
荒野之岛

"体验课堂"系列（4册）

体验丛林
体验沙漠
体验鲨鱼
体验宇宙

"中国特辑"系列（1册）

谁来拯救地球